La textura del chocolate

Claudi Mans

LA TEXTURA DEL CHOCOLATE

Tibidabo Ediciones
Barcelona

Tibidabo Edicions, SA — Tibidabo Publishing, Inc. Barcelona — New York

Tibidabo Ediciones, SA cuenta con oficina en Barcelona y en Nueva York a través de Tibidabo Publishing, Inc. En el mercado de habla hispana publica principalmente la colección Una inmersión rápida y en el mercado de habla inglesa, A Quick Immersion Series. También publica otras colecciones como Actualidad o Topical Current Affairs Books..

La textura del chocolate
© Claudi Mans

Derechos exclusivos de edición:
© Tibidabo Ediciones, SA
Calle Muntaner, 479
08021 Barcelona
Teléfono: +34 932 126 946
Correo electrónico: tibidabo@tibidaboediciones.com

Impreso en Gráficas Rey, Barcelona

Diseño de cubierta: Raimon Guirado
Maquetación: Joan Alonso
Traducción: Júlia Moll Cerdà
Revisión lingüística: Aliena Laorden

Colección: Conocer a tiempo
Primera edición: Enero de 2025

Depósito legal: B 13515-2024
ISBN: 978-84-10320-07-9

La traducció d'aquesta obra ha disposat d'un ajut de l'Institut Ramon Llull. Traduït del català per: Júlia Moll Cerdà.

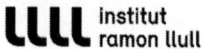

Índice

El Paradigma de Oriol Balaguer

El pastelero y chocolatero **Oriol Balaguer** (Calafell, 1971) diseñó en 1993 un pastel de chocolate que en 2001 ganó en Lyon el premio al mejor postre del mundo. Con algunos cambios menores, aún lo ofrece en sus tiendas con el nombre de *Pastel Paradigma* o *Pastel de ocho texturas de chocolate*.

Un experto catador ha publicado que el pastel "consiste en fusionar ocho capas diferentes de chocolate para llegar a tener un equilibrio de sabores y formas. [...] En el interior hay una mousse de chocolate, bizcocho de chocolate, una parte crujiente, y la untuosidad y suavidad del resto de ingredientes". ¿Son texturas la mousse o el bizcocho? ¿Son texturas el crujiente, la untuosidad, la suavidad? ¿Son ingredientes cada capa de chocolate, la mousse, el bizcocho? ¿O más bien son componentes, mientras que los ingredientes son la leche, el cacao, el azúcar, la mantequilla?

¿Hay ocho texturas diferentes de chocolate? ¿O, antes, hay ocho tipos diferentes de chocolate? Este libro está dedicado a dar respuesta a estas preguntas, y, sobre todo, a comprender la relación entre las texturas y la composición del chocolate. Y no es fácil, porque definir lo que es la textura —en rigor, las texturas— requiere comprender muchos conceptos previos.

A la hora de hablar de cualquier tema científico o culinario, debemos ser especialmente cuidadosos con la terminología: debemos ser tan precisos como lo son los pasteleros y chocolateros cuando hacen sus preparaciones. En las recetas pesan con balanzas que aprecian fracciones de gramo, calientan o enfrían hasta temperaturas medidas en grados centígrados con termómetros de precisión y usan cronómetros para ajustar los tiempos al segundo. Si no lo hicieran así, no lograrían hacer preparaciones paradigmáticas... Y nosotros debemos procurar hacer lo mismo al escribir.

El guion del libro

La comida es la materia indispensable para la supervivencia como individuos, pero también tiene —al menos en el Primer Mundo— muchas otras funciones: es una fuente de placer en las preparaciones gastronómicas que nos comemos, y puede ser también un consuelo en momentos difíciles en los que nos refugiamos en la comida —compulsivamente, quizás— y en la bebida. Y, entre la enorme variedad de alimentos que tenemos a nuestro alcance —en el Primer Mundo, recordémoslo—, el chocolate es probablemente el que mejor combina la triple función de nutrirnos, darnos placer y darnos consuelo. Por eso el chocolate ha invadido el planeta y se ha convertido en uno de los alimentos icónicos e imprescindibles para mucha gente.

Pero hay más. El chocolate es un alimento con un número contundente de calorías, y esto puede generar un sentimiento de culpa en el consumidor que no quiere engordar, y más si es diabético o tiene miedo a las caries dentales. Además, algunos de los componentes del cacao, como la teobromina, tienen un componente más o menos adictivo, y un componente euforizante. Al consumir chocolate en cualquiera de sus formas encontramos placer, consuelo, problemas sanitarios, adicción y euforia.

El objetivo de este libro es analizar, con argumentos científicos, qué es el chocolate y por qué un mismo producto nos genera sensaciones tan diferentes. Para hacerlo, seguiremos la estructura tradicional del acercamiento a un alimento. Haciendo una división clásica de las ciencias de la alimentación, veremos el alimento desde el árbol a la boca, es decir, qué es el chocolate (capítulo 1) y qué composición tiene (capítulo 2). Hasta aquí estamos en la disciplina de la ciencia y la tecnología de los alimentos. Después nos metemos el producto en la boca, y ya estamos en la disciplina de las ciencias sensoriales o ciencias gastronómicas. Serán los capítulos 3 (texturas) y 4 (otras sensaciones organolépticas). Si nos comemos el chocolate, es decir, de la boca hacia dentro del organismo, estaríamos en el campo de la nutrición y la dietética, y le dedicaremos un capítulo muy corto, el 5, de preguntas y respuestas.

Al acabar, habremos analizado la relación entre composición química, caracterización física y estructural y la textura y el flavor[1] del producto, que determina la experiencia sensorial que nos genera su ingesta, y que pretendemos que sea placentera. Deseamos que el libro también te cause esta sensación.

---

[1] El flavor es un neologismo todavía no aceptado por el diccionario de la RAE, que significa conjunto de propiedades olfativas, gustativas y táctiles que se perciben en la degustación de un alimento. Resume en una sola palabra el conjunto de sensaciones organolépticas que proporciona un alimento.

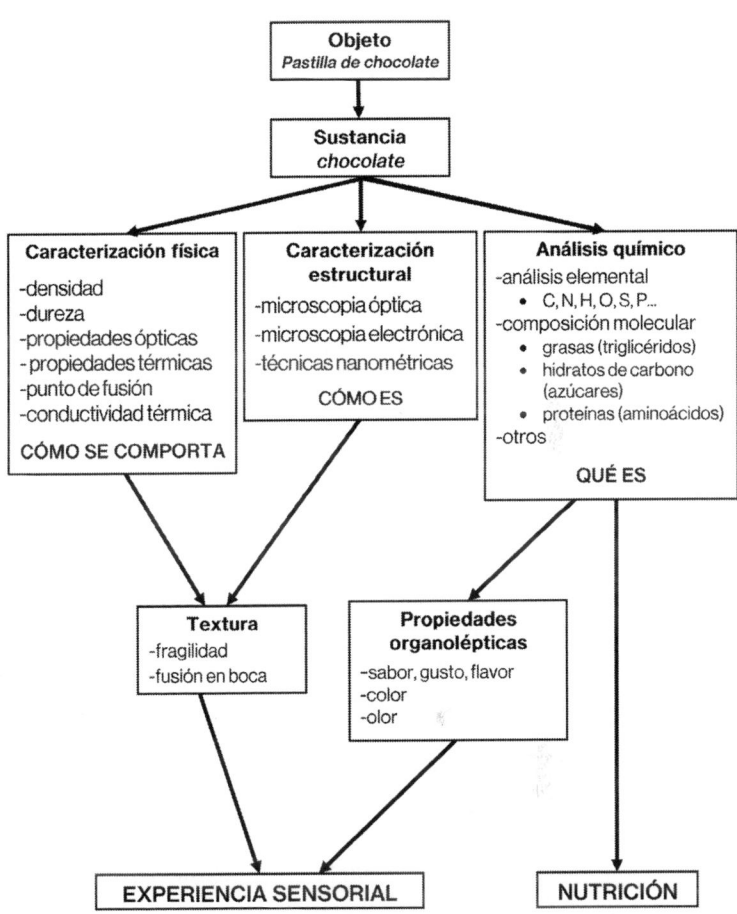

Ilustración 1. **Estructura del libro: progreso del conocimiento a lo largo del texto.** Fuente: elaboración propia.

La ilustración 1 muestra con más detalle las etapas del itinerario que seguiremos. No caracterizaremos los objetos hechos con chocolate —una pastilla, un conejito, un helado, un bombón—, sino la sustancia en sí misma. Por un lado, sus propiedades físicas más simples, como la densidad, la dureza, y sus propiedades ópticas —color, transparencia, brillo— y térmicas. Todo esto nos informa sobre *cómo se comporta* la sustancia. Por otro lado, varias técnicas basadas en la microscopía nos informan sobre *cuál es* la estructura interna de la sustancia: gránulos, cristales, gotas... Todo ello nos dice cómo es por dentro. Y, finalmente, diversas técnicas químicas nos permiten conocer *qué es* la sustancia, qué elementos la conforman y, sobre todo, cuáles son las moléculas que la constituyen: las grasas como los triglicéridos, los azúcares, hidratos de carbono o carbohidratos y las proteínas constituidas por aminoácidos son los principales, y puede tener muchas más, como vitaminas, colorantes o aditivos.

Con estas caracterizaciones podremos comprender *por qué el chocolate tiene la textura que tiene*, y por qué tiene las características de sabor, gusto, olor y color que lo definen. Podremos comprender las bases de la experiencia sensorial de su ingesta. Y todo esto casi al margen, como se ha dicho, de los aspectos nutricionales, que también dependen de su composición química.

Este guion-itinerario nos lo irán marcando diversas preguntas que suelen plantearse cuando nos aproximamos al chocolate con espíritu curioso e investigador.

Capítulo 1

El chocolate. Sus ingredientes

¿Quién se inventó el término "chocolate"? Y, por cierto, ¿es masculino o femenino?

Puede parecer una cuestión irrelevante, pero es necesario que empecemos por el principio, que es saber por qué las cosas se llaman como se llaman. Como es bien conocido, el chocolate no es un producto natural, sino una mezcla que se inventó en el imperio maya, mucho antes de la colonización española del siglo XV. Allí los sacerdotes y guerreros mezclaban granos de cacao previamente fermentados con diversas especias locales como el *achiote* (colorante vegetal rojo), vainilla y pimienta. Lo trituraban y lo calentaban, y la manteca de cacao fundida se eliminaba de la pasta. El producto resultante se dejaba secar y el sólido que quedaba se disolvía con agua caliente y *atole*, que es harina de maíz, y se batía hasta hacer mucha espuma [**Pérez Samper**, ref. 4]. Los conquistadores españoles consideraban la bebida de sabor difícilmente soportable: "(los indígenas) la beben, pero parece más adecuada para cerdos que para hombres"[2].

Este brebaje recibía el nombre de *xoko alth*, es decir, y traducido del náhuatl, alimento de los dioses, aunque **Joan Coromines** (ref. 3) considera que este término es una mezcla errónea hecha por los conquistadores españoles entre los términos náhuatles *pócotl* (semilla de ceiba, también usada en la mezcla) y *kakawátl* (bebida de cacao).

La primera fábrica europea de chocolate se instaló en España en 1580. Parece que hacia 1600 unas monjas establecidas en Oaxaca (México) comenzaron a preparar la bebida con azúcar y canela, sin la pimienta y con menos espuma, y esta nueva composición se introdujo por el puerto de Barcelona y el monasterio de Piedra en Aragón, de donde pasó a la corte española y, en el siglo XVII, a la francesa y a la inglesa, con el nombre ya actual de *chocolate*. El producto generó dos variantes, ambas

---

[2] *Historia del Nuevo Mundo* (1564) de **Girolamo Benzoni** [McGee, 2007].

como líquido: el *chocolate a la española*, hecho con agua, y el *chocolate a la francesa*, hecho con leche. A causa del elevado precio del cacao, era un producto reservado a las clases altas de la sociedad, que en sus reuniones sociales tomaban chocolate con todo tipo de productos de pastelería. Tomar chocolate era considerado en ese momento más elegante que tomar té o café. Y, además, tenía fama de ser un afrodisíaco potente...

CONOCER A TIEMPO 1

¿Qué dicen los diccionarios sobre el chocolate?

En español, la primera referencia escrita al *chocolate* se encuentra en México en 1581. En el primer *Diccionario de Autoridades* de 1729 el término se aplica al chocolate líquido, pero en 1780 ya se da la doble definición, como pasta y como líquido, que se ha mantenido hasta ahora. Siempre, desde la primera referencia, ha tenido en castellano el género masculino: *el chocolate*. En cambio, en algunos idiomas como el catalán y el italiano distinguen el sólido del líquido. Al primero le aplican el género masculino: *el xocolate*, denominación que se va perdiendo, *il cioccolatto*, y al líquido el género femenino: *la xocolata, la cioccolatta*.

¿Cuántos tipos de chocolate hay?

Si hay un alimento que bajo el mismo nombre esconde mil variantes, ese es el chocolate.

En una definición general, y, como todas las definiciones, solo parcialmente válida, *el chocolate es el producto obtenido por la mezcla de azúcar y de dos derivados de cacao: la pasta de cacao y la manteca de cacao*[3]. Aquí encontramos el primer concepto decisivo: el chocolate es una sustancia producida a partir de otras; no se obtiene como tal de la naturaleza, sino que es una mezcla. En la definición no se dice cuáles deben ser las proporciones de sus ingredientes. Esto hace que en el lenguaje coloquial el nombre de chocolate se extienda a una amplísima familia de productos preparados, y que tienen composiciones, texturas, estados físicos y sabores muy variados. Todo lo que tienen en común todos los miembros de esta familia es que, en mayor o menor proporción, son derivados del **cacao**. Según el Código Alimentario Español (ref. 2) vigente actualmente, debe contener un mínimo del 35% de derivados del cacao. Pero, incluso, hay productos denominados impropiamente chocolate que no tienen ni rastro de cacao ni de sus derivados: son

---

[3]   Esta definición, no normativa, en opinión del autor es mejor que la del DRAE.

los *sucedáneos de chocolate* hechos a base de harina de algarroba. No se pueden denominar legalmente chocolate, pero los herbolarios virtuales lo anuncian como *chocolate sin cacao* con total impunidad.

Fue en el siglo XIX cuando empezaron los intentos sistemáticos de hacer el producto en forma sólida, aunque antes, en muchos lugares, especialmente en España, se tomaban variantes sólidas de la masa de cacao con azúcar como comidas rápidas, aunque no tenían mucha demanda por su textura áspera.

En 1828, **Conrad van Houten** diseñó un proceso industrial para separar la grasa —la manteca de cacao— de los granos de cacao, y lo que quedaba, una vez triturado, era **el cacao desgrasado en polvo**, producto que se sigue fabricando y vendiendo. Al mezclar y calentar en las proporciones adecuadas este cacao en polvo con manteca de cacao y una cierta proporción de azúcar molido muy finamente, se logró —una vez enfriada la mezcla— preparar las tabletas o trozos de chocolate en forma sólida. El producto sólido era comercializable sin los inconvenientes del líquido, y se popularizó su venta entre la población de menos poder adquisitivo. La primera marca comercial fue *Fry and Sons*, inglesa, de 1847. **Daniel Peter**, pastelero suizo, preparó el *chocolate con leche*, usando la leche en polvo que había conseguido fabricar su compatriota **Henri Nestlé**. El chocolate con leche salió al mercado en 1875.

En 1879, el suizo **Rodolphe Lindt** mejoró el proceso de obtención de los trozos de chocolate, cuando inventó la *máquina de conchar*[4], que molía mucho más finamente la mezcla de granos de cacao y azúcar, y es el proceso que se sigue usando en la actualidad. El nombre le provenía de la forma de concha que tenía.

Con estos procedimientos se han preparado docenas de variantes del chocolate, con todas las proporciones de pasta de cacao, manteca de cacao, azúcar y —si es el caso— leche en polvo. Una de estas variantes se denomina *cobertura de chocolate*, que se usa para recubrir pasteles, frutas y otros alimentos. Los *bombones* son porciones de chocolate con diferentes rellenos. Los *turrones de chocolate* son tabletas de chocolate con almendras, avellanas, arroz inflado o mil ingredientes más en proporción superior a las tabletas de chocolate, y la normativa los acepta con la denominación de *turrones diversos*.

El *chocolate blanco* no es en sentido original chocolate porque en su fórmula no hay pasta de cacao, sino solo manteca de cacao —al menos un 20%—, sólidos de la leche y azúcar, además de otros ingredientes si es necesario. Fue inventado en 1923 por el pastelero español **Santiago Gil** en Guadalajara, y luego se ha extendido por todo el mundo. En el Código

---

[4]   En inglés, *to conch*.

Alimentario Español no figura como chocolate, sino como derivado de la manteca de cacao.

La preocupación por la obesidad o las caries dentales y el problema de las diabetes tipo I y II han llevado al diseño de *chocolates sin azúcar*, que es sustituido por edulcorantes diversos, como veremos al hablar de los ingredientes.

También hay muchos otros preparados en los que el cacao o el chocolate no son ingredientes mayoritarios, pero sí característicos del producto. Se comercializan desde hace muchos años varios batidos de cacao, de los que el *Cacaolat* es el paradigma y fue el primer producto mundial de su clase, inventado por **Joan Viader** (Barcelona, 1931), que actualmente se fabrica en diferentes variantes. También existen diferentes marcas de *cremas de cacao para untar*, como la *Nutella*[5] (Piamonte, 1964-65) y la *Nocilla* (Barcelona, 1967), con menos avellanas, entre muchas otras marcas.

Los *preparados para desayunos con cacao* para disolver en la leche y que contienen cacao son el *ColaCao*, desarrollado en 1946 en Barcelona por *Nutrexpa*, y el *Nesquik*, desarrollado en EE. UU. en

---

[5] La *Nutella* se inventó como un desarrollo de la *gianduja*. Este producto es una mezcla de cacao y avellanas inventada en Turín en 1806 para sustituir parte del cacao del chocolate, que **Napoleón** había ordenado bloquear porque el cacao provenía de los puertos británicos con los que Francia y el Piamonte estaban en guerra.

1948 con el nombre inicial de *Nestlé's Quik*, y cuando se introdujo en Europa en los años 50 tomó el nombre actual. Hay muchas otras marcas y variantes.

Chocolate a la taza o *chocolate familiar* es el nombre que reciben los preparados para tomar como *chocolate caliente*, y que contienen cantidades variables de cacao. Algunos son ya líquidos, y otros son productos sólidos, normalmente con harina de arroz o harina de maíz. Hay muchos otros productos con cacao, como yogures, flanes, pastelitos, coulanes, frutas secas recubiertas de chocolate, galletas de todo tipo con chocolate, y muchos más. Hay, pues, docenas de productos en los que el chocolate es el ingrediente principal o característico.

Todos los productos relacionados con el chocolate son preparados por alguna empresa elaboradora, tanto si hablamos de los ingredientes individuales —azúcar, cacao— como si hablamos del producto acabado, como la tableta de chocolate o una crema de cacao. Esto se aplica también a los productos que se venden al público y también si se usan como ingredientes en pastelerías u obradores. Tienen regulada su composición, fabricación, etiquetado, forma de envasado, distribución, conservación y publicidad. En los diferentes países los códigos alimentarios definen con más o menos detalle todos los puntos anteriores. El Código Alimentario Español y disposiciones complementarias es un extenso recopilatorio de toda la normativa relacionada con la alimentación y productos alimentarios, que sigue las directrices europeas sobre estas cuestiones, y se va poniendo al día periódicamente. La última actualización es de 2021 (ref. 2).

Las etiquetas de los productos

De las etiquetas se puede obtener información valiosa para el consumidor. Será especialmente útil la información sobre los ingredientes y la información nutricional. La publicidad y los datos sobre la empresa fabricante, fechas de caducidad y consumo preferente, entre otros, son menos relevantes aquí.

La composición: los ingredientes

Un *ingrediente* es cualquier sustancia que el elaborador del producto final ha usado en su preparación. De acuerdo con la definición de chocolate, los tres ingredientes principales son la *pasta de cacao*, la *manteca de cacao* y el *azúcar*. Pero, como puede haber más, las etiquetas deben especificar obligatoriamente para todos los productos preparados qué ingredientes se han usado, por orden de mayor a menor cantidad, y esta información debe constar con letra visible en la parte exterior del envase del producto. Hay varias excepciones a esta normativa: la mayoría de los ingredientes denominados *aditivos alimentarios*, muchos de los cuales se añaden en cantidades muy pequeñas, se ponen en la lista de ingredientes sin respetar el orden de cantidad, excepto si son componentes presentes en grandes cantidades. Este sería el caso de algunos aditivos edulcorantes masivos como el *maltitol* E-965, que sustituye al azúcar en los productos sin azúcares añadidos, como ciertos turrones o chocolates sin azúcar. En cambio, otros edulcorantes, como los glucósidos de esteviol (E-960, habitualmente conocido como *estevia*), que se añaden en cantidades muy pequeñas, están al final de las listas de ingredientes, aunque en la publicidad suele ser el de tipografía más grande. Los aromas, que no son aditivos, deben constar de forma genérica, pero sin indicar cuáles están presentes en la mezcla. Si los aromas tienen un cierto efecto estimulante, como la cafeína o la quinina, sí deben indicarse en la etiqueta en la lista de ingredientes. El chocolate se considera estimulante debido a la *teobromina* que contiene, pero como es un componente del cacao original y no se le añade aparte, no se indica en la etiqueta.

Los ingredientes pueden ser de muchas naturalezas diferentes. Pueden ser sustancias químicas puras, como el azúcar, químicamente denominado *sacarosa* $C_{12}H_{22}O_{11}$, o la mayoría de los aditivos alimentarios, como el emulgente *lecitina* (E-322), que encontramos en alguna chocolatina o en productos derivados como las cremas de avellanas o los preparados solubles para desayunos. Otros ingredientes pueden ser *sustancias comerciales obtenidas directamente de la naturaleza*, con las transformaciones que requiera su comercialización, por ejemplo, la leche o la manteca de cacao. Ambas sustancias son mezclas, pero no se indican los ingredientes en la etiqueta porque ningún elaborador las ha preparado, sino que salen directamente como tales de la naturaleza. Hay otros ingredientes que son, en cambio, *mezclas con nombre común compradas a otros elaboradores*, y en este caso sí que se debe indicar de qué ingredientes constan, y se deben poner entre paréntesis después de su nombre. Esto introduce complicación a la hora de leer las etiquetas.

La mayoría de ingredientes que usan los elaboradores están presentes en el producto final, pero hay algunos casos en que no lo están. Por ejemplo, los correctores de acidez o de basicidad que se usan para neutralizar las mezclas, como el *bicarbonato de sodio* (E-500(ii), $NaHCO_3$). Estas sustancias reaccionan con los componentes indeseados y en la reacción química de neutralización desaparecen ambos componentes, quedando en la mezcla el producto resultante de la reacción, inofensivo y que no es necesario especificar. Otro ejemplo: la *lactasa* es una enzima que se usa para descomponer el azúcar de la leche —la lactosa— en dos otros azúcares, denominados *glucosa* y *galactosa*, que pueden ser consumidos sin riesgo por los intolerantes a la lactosa. La etiqueta debe indicar como ingrediente la lactasa, pero no los productos de descomposición. En el producto final no encontraremos ni lactasa ni lactosa, pero sí glucosa y galactosa, que no es necesario indicar en la etiqueta.

Hay algunos alimentos que, por razones históricas o comerciales, no tienen que indicar la lista de ingredientes. Es el caso de los vinos y licores en los que solo debe constar si tienen sulfitos (aditivos desde el E-220 al E-228) como conservantes. Los licores de chocolate —en realidad licores con sabor a cacao— no tienen que llevar en su etiqueta la presencia de chocolate o cacao.

Es interesante el análisis de los ingredientes usados en los productos, información que nos dan las etiquetas de los productos de consumo. La ley no exige al fabricante indicar la cantidad de cada ingrediente, sino solo el orden en que están presentes en la formulación. En la tabla 1 podemos ver esta información para un conjunto de 29 productos relacionados con el chocolate. Se han elegido estos productos, todos de marcas acreditadas en el comercio, y de total garantía sanitaria, como se podrían haber elegido otros: la mayoría de marcas hacen productos muy similares. Normalmente, las grandes marcas innovan en sus elaboraciones y al poco tiempo las otras marcas, o las *marcas blancas*, las siguen.

En la lista de marcas analizadas hay varios chocolates de más o menos porcentaje de cacao[6], otros tipos de chocolates para aplicaciones especiales, como cobertura, chocolates sin azúcar, chocolate blanco o chocolate con leche, y derivados del cacao como los *nibs* o la manteca de cacao. También figuran en la lista varios productos en los que la presencia del cacao o el chocolate es el elemento más relevante, como las cremas, los batidos o los preparados para desayunos, aunque el chocolate no sea el componente mayoritario.

Vemos cómo en la mayoría de chocolates el ingrediente principal es el cacao, seguido del azúcar o de la manteca de cacao, de acuerdo con la definición básica de chocolate. Otros chocolates especiales tienen la leche, edulcorantes u otros ingredientes como mayoritarios. En cambio, en los productos derivados (del número 19 en adelante) prevalecen como mayoritarios el azúcar o la leche.

---

[6] En el apartado siguiente se comentará el significado de estos porcentajes, que no se pueden deducir directamente de la información de los ingredientes.

	PRODUCTO	Azúcar	Cacao	Manteca de cacao	Leche	Edulcorantes	Otros
1	Cacao		1	2			
2	*Nibs* de cacao		1				
3	Cacao puro 1		1				
4	Cacao puro 2		1				
5	Manteca de cacao			1			
6	Chocolate negro 99	3	1	2			
7	Chocolate negro 90	3	1	2			
8	Chocolate negro 85	3	1	2			
9	Chocolate negro 70	2	1	3			
10	Chocolate negro 52	2	1	3			4
11	Fondant postres	1	2	3			
12	Familiar a la taza	1	2	4			3
13	Chocolate a la piedra	1	2				3
14	Negro sin azúcar		1	3	4	2	
15	Sin azúcar 47% mínimo		2	3		1	4
16	Chocolate con leche	1	4	2	3		
17	Chocolate blanco	1		2	4		3
18	Turrón chocolate con arroz	1	3	4			2
19	Chocolate 70% con sal	2	1	3			4
20	Batido de chocolate clásico	2	3		1		
21	Batido de chocolate 0,0		2		1	3	
22	Crema de chocolate clásica	1	3	4			2
23	Crema de chocolate original	1	4		3		2
24	Preparado en polvo desayuno	1	2				3
25	Preparado en polvo intenso	2	1				
26	Postre lácteo chocolate	2	3		1		4
27	Preparado desayuno clásico	1	2				3
28	Preparado desayuno turbo	1	2				
29	Chocolate taza preparado	2	4		1		3

Tabla 1. Ingredientes de productos preparados derivados del cacao, por orden de cantidad. 1 es el mayoritario, según las etiquetas. Fuente: elaboración propia.

La composición: la información nutricional

En todas las etiquetas de los productos preparados también debe figurar, de acuerdo con la normativa europea actual, la *información nutricional*. Si bien los aspectos de nutrición no son los fundamentales en este libro, el análisis de la información nutricional nos da detalles de la composición no solo cualitativa —como es la lista de ingredientes—, sino también cuantitativa, es decir, las cantidades que están presentes. El conjunto de ambas informaciones ayudará a comprender la estructura del chocolate y de los otros productos, y permitirá entrar en los aspectos de textura.

La normativa sobre la información nutricional ha ido cambiando con los años, especialmente por la presión de las entidades defensoras de los consumidores y de las recomendaciones de los dietistas-nutricionistas. Esta información es diferente según los países, y en toda la Unión Europea está unificada. La información nutricional debe constar de los siguientes apartados, referidos a 100 g de producto:

- valor energético, expresado en kilojulios (kJ) y kilocalorías (kcal). La equivalencia es 1 kJ = 0,239 kcal
- grasas totales, distinguiendo cuál es la parte de grasas saturadas

- hidratos de carbono o carbohidratos, distinguiendo cuál es la parte de azúcares
- fibra alimentaria
- proteínas
- sal

Muchos productores también indican los datos nutricionales referidos a una porción del producto o, en el caso de productos que se diluyen en leche u otros líquidos, por cada 100 ml de producto preparado final. También se suele indicar el porcentaje de cada uno de los valores referidos a la *ingesta de referencia* (IR) para un adulto promedio, al cual se le atribuye un consumo energético diario de 8400 kJ, equivalentes a 2000 kcal. Finalmente, si la publicidad del producto destaca que contiene algún nutriente específico, como fósforo o hierro, se debe indicar la cantidad presente en la lista de la información nutricional.

En la tabla 2 se encuentra la información nutricional de los 29 productos mencionados en la tabla 1. Es importante recalcar que la información nutricional no se puede relacionar directamente con la lista de ingredientes, porque cada uno de los componentes nutricionales puede provenir de más de un ingrediente. Por ejemplo, la grasa puede provenir de la manteca de cacao y del cacao en polvo, que contiene manteca de cacao que no se le ha extraído completamente. Solo en algún caso la relación es directa, como en el producto 4 (manteca de cacao), que es solo grasa, sin ningún otro componente.

CONOCER A TIEMPO 2

El NUTRISCORE y el chocolate

El *Nutriscore* es un sistema de clasificación y evaluación de los productos envasados que pretende resumir en una letra y un color las características nutricionales de un alimento. Se plasma en una etiqueta en la cara principal del envase. A cada alimento se le asignan puntos A, los *malos*, según la cantidad de energía del alimento, y los porcentajes de azúcares, grasas saturadas y sodio, extraídos de una tabla de valores definida por el sistema. Y se le asignan puntos C, los *buenos*, según los porcentajes de frutas y verduras, fibras y proteínas. Aplicando el algoritmo de cálculo, la diferencia entre los puntos A y los C permite clasificar los alimentos en cinco categorías: verde oscuro (A), que son los de mejor calidad nutricional; verde claro (B), amarillo (C), naranja (D) y rojo (E), estos últimos los de peor calidad nutricional.

El etiquetado *Nutriscore* no es obligatorio, y la mayoría de las marcas de chocolate no lo incluyen en sus envases. Entre las marcas de chocolate principales, solo *Nestlé* lo aplica. Al chocolate negro del 85% le corresponde la calificación E, porque tiene mucha grasa y azúcar; incluso el chocolate sin azúcares añadidos, solo con edulcorantes, obtiene la clasificación D. Las otras marcas obtendrían la misma clasificación, porque tienen la misma composición. Los chocolates y sus derivados son clasificados por *Nutriscore* como de baja calidad nutricional, y eso no es una buena publicidad para esos productos.

El sistema *Nutriscore* ha sido criticado por muchos elaboradores y por expertos nutricionistas, por diversos motivos. Es un procedimiento demasiado simplificado, que quizás sea adecuado para comparar productos dentro de la misma categoría, pero que no funciona bien para comparar productos de diferentes categorías. Este índice no tiene en cuenta la presencia en el alimento de aditivos alimentarios, ni de vitaminas. Por ejemplo, un refresco de cola es clasificado como E, el mismo refresco en versión *light* como B —menos calorías—, y el aceite de oliva como D, pero sería absurdo preferir nutricionalmente el refresco de cola light al aceite de oliva. Por eso el sistema está continuamente sometido a revisión, y muchas empresas son muy reticentes a aplicarlo.

	PRODUCTO	kJ	kcal	grasa total	grasa saturada	hidratos C total	de los cuales azúcares	proteínas	sal g	fibra g
1	Cacao	2534	614	54	34	11	1	13	0,05	
2	*Nibs* de cacao	2480	585	52	30	6	1	12	0,01	23
3	Cacao puro 1	1360	327	11	7	46	1	25	0,12	32
4	Cacao puro 2	1412	339	11	6,9	17	1	25	0,05	34
5	Manteca de cacao	3766	900	100	60	0	0	0	0	0
6	Chocolate negro 99	2365	573	49	30	10	1	14	0,7	
7	Chocolate negro 90	2483	592	55	30	14	7	10	0,03	
8	Chocolate negro 85	2418	584	46	27	22	15	13	0,02	
9	Chocolate negro 70	2350	566	41	24	34	30	9,5	0,1	
10	Chocolate negro 52	2227	534	32	19	51	46	6,5	0,1	
11	Fondant postres	2285	548	34	20	51	46	6	<0,01	7,3
12	Familiar a la taza	2070	495	24	15	61	50	5,3	0,06	
13	Chocolate a la piedra	2117	505	21	12	72	55	5,2	0,01	
14	Negro sin azúcar	2024	482	38	23	41	1	7	0,05	
15	Sin azúcar 47% mínimo	1934	468	33	22	51	1	5,8	0	7,1
16	Chocolate con leche	2276	545	32	19	56	55	7	0,24	
17	Chocolate blanco	2652	639	49	37	43	43	5,3	0,21	
18	Turrón chocolate con arroz	2179	521	28	10	58	50	7,6	0,18	3,8
19	Chocolate 70% con sal	2348	566	42	26	35	30	7	0,7	10
20	Batido de chocolate clásico	280	67	1,5	1	11	11	2,7	0,12	
21	Batido de chocolate 0,0	188	45	1,5	1	4,1	3	3,4	0,2	
22	Crema de chocolate clásica	2279	546	32	5,9	58	56	5	0,02	3
23	Crema de chocolate original	2252	539	31	11	58	56	6,3	0,1	
24	Preparado en polvo desayuno	1633	386	3,8	1,6	79	76	5,1	0,37	7,4
25	Preparado en polvo intenso	1535	367	12	6,8	40	30	15	0,23	21
26	Postre lácteo chocolate	515	123	3,3	2	20	17	2	0,16	
27	Preparado desayuno clásico	1593	377	2,5	1,6	78	70	6,6	0,1	7,8
28	Preparado desayuno turbo	1647	389	3	1,5	82	75	5,5	0,3	6
29	Chocolate taza preparado	472	112	1,6	1	22	18	2,5	0,13	

Tabla 2. Información nutricional de productos preparados derivados del cacao, según lo que informan las etiquetas. Fuente: elaboración propia.

Los ingredientes

Cacao

El término **cacao** se refiere a tres conceptos diferentes: el árbol, las semillas del árbol y el polvo seco de estas semillas. El árbol es el *árbol del cacao* o *cacaotero*. En la nomenclatura botánica es el *Theobroma cacao*, que deriva del griego *Theobroma*, que significa alimento de los dioses. Le dio este nombre el mismo **Linneo**, el inventor de la nomenclatura zoológica y botánica. El término **cacao** parece que deriva del náhuatl, de la familia de lenguas aztecas[7]. El árbol es propio de América tropical, donde es muy cultivado, y también en África y Asia. Requiere climas húmedos, cálidos y zonas no muy altas. El árbol del cacao genera flores blancas que dan bayas. Cuando las bayas están maduras pesan medio kilo, tienen unos 20 cm de longitud y 12 de diámetro, y son de color rojo o amarillo. La cáscara exterior es de 3 o 4 cm de grosor, y dentro hay una pulpa comestible donde están sumergidas las semillas, de las que hay entre 20 y 50 en cada fruto.

Estas semillas o *habas de cacao* son la base del chocolate. Son ovales, aplanadas, de color púrpura

---

[7]   Es uno de los idiomas oficiales en México, y es hablado por más de dos millones de personas.

o marronáceo y de entre 2 y 3 cm de longitud y 1 a 1,5 cm de ancho. Su sabor en crudo es muy amargo y astringente. Estas semillas están envueltas por una piel de color blanco. Como todos los frutos secos, tienen una buena proporción de grasas, proteínas, fibra alimentaria y una cierta proporción de azúcares.

El proceso tradicional de aprovechamiento tiene varias etapas. Las semillas se extraen de la baya con la pulpa, se envuelven con hojas de platanero y se dejan al aire libre. La pulpa fermenta, y también el interior del haba, por la acción de las bacterias presentes en el ambiente. La fermentación dura entre tres y siete días, y así se consigue que el haba no germine. En esta fase aumenta la temperatura, cambia el color del haba, y el ácido acético producto de la fermentación hincha el haba, reduce su sabor astringente y su amargor y genera los aromas típicos de cacao. Luego se secan al aire libre, al sol o con calefactores. Las habas secas que se obtienen al final son el producto que se vende a los fabricantes de chocolate.

Las habas totalmente molidas son la *pasta de cacao*. La *pasta de cacao* suele ser uno de los principales ingredientes de los chocolates. Contiene las grasas, las proteínas y los hidratos de carbono de la planta, una vez tostadas y molidas las habas. Tiene una consistencia pastosa a causa de la elevada proporción de grasa que contiene. Cuando se trituran los granos tostados en fragmentos de algunos milímetros se obtienen los *nibs* o *puntas de cacao*, que tienen la misma composición que las habas de cacao y que la pasta de cacao. Son los productos 1 y 2 de las tablas 1 y 2.

De la misma manera que se hace con las aceitunas para extraer su aceite, se pueden prensar las semillas de cacao secas y en el proceso se extrae la *manteca de cacao*, el producto 5 de las tablas.

El *cacao desgrasado* es el haba de cacao, triturada o no, de la cual se ha separado la manteca de cacao. Como la extracción suele ser mecánica, siempre queda una parte de la grasa en la masa, típicamente un 11%. El cacao desgrasado tiene la composición de las habas de cacao sin la grasa, es decir, hidratos de carbono (un 15%), proteínas (un 25%) y fibra alimentaria (más de un 30%), además de este 11% de manteca de cacao. Este producto se tritura y se muele hasta tener un polvo impalpable; la mayor parte de las partículas son de menos de 2 micrómetros de diámetro (µm o milésimas de milímetro), y se usa en la formulación de los diferentes chocolates; también se comercializa con el nombre de *cacao puro* o *cacao en polvo* para repostería o para el consumo directo. Figura en las tablas 1 y 2 como productos 3 y 4.

CONOCER A TIEMPO 3

Grasas y triglicéridos

La mayor parte de las grasas naturales, tanto animales como vegetales, son mezclas de moléculas similares, llamadas *triglicéridos*, que en una nomenclatura más formal se deberían denominar *triacilgliceroles*. Estas moléculas se pueden imaginar como derivadas de la glicerina o glicerol CH_2OH-$CHOH$-CH_2OH en la que cada grupo OH se ha unido con una molécula de ácido graso, de fórmula genérica $COOH$-$(CH_2)_n$-CH_3. Los ácidos grasos tienen cadenas de 12 a 18 átomos de carbono. La cadena puede ser *saturada*, como la indicada en la fórmula anterior, sin dobles enlaces entre carbonos, o puede ser *no saturada*, con algún doble enlace en su interior, como en el caso del *ácido oleico* $C_{18}H_{34}O_2$, que tiene como fórmula desarrollada la siguiente: $COOH$-$(CH_2)_7$-$CH=CH$-$(CH_2)_7$-CH_3.

Cada molécula de triglicérido puede derivar de tres ácidos grasos diferentes, y esta variedad genera la pluralidad de triglicéridos existentes, que es enorme. La figura 2 muestra un ejemplo de triglicérido.

Manteca de cacao

La *manteca de cacao* no es más que grasa al 100%. Es el producto 5 de las tablas 1 y 2. Es una mezcla de moléculas grasas denominadas *triglicéridos*, de los cuales un 60% son grasas saturadas. El producto apenas tiene sabor ni olor, un color amarillento, y se comercializa para hacer el chocolate blanco, así como para añadir a los chocolates negros en las proporciones que sea necesario para su formulación. Los triglicéridos más comunes en la manteca de cacao derivan del ácido palmítico (abreviado como P, con fórmula $CH_3\text{-}(CH_2)_{14}\text{-}COOH$), el ácido esteárico (S, $CH_3\text{-}(CH_2)_{16}\text{-}COOH$) y el ácido oleico (O, $CH_3\text{-}(CH_2)_5\text{-}CH\text{=}CH\text{-}(CH_2)_5\text{-}COOH$). Cualquiera de estos ácidos puede haberse unido a cualquiera de los terminales —OH del glicerol, pero hay algunas combinaciones más frecuentes que otras.

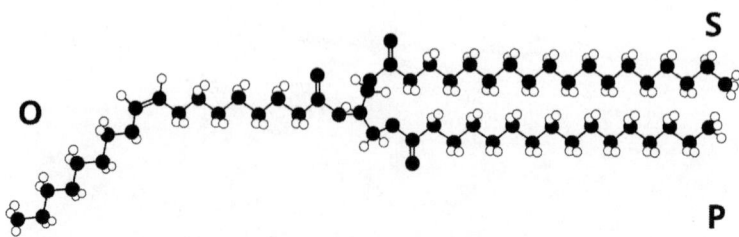

Ilustración 2. Molécula del triglicérido POS. De la molécula central de glicerol surgen tres ramificaciones. Las dos de la derecha son cadenas de ácido esteárico (S) y palmítico (P), ambas saturadas. La cadena de la izquierda es de ácido oleico (O) insaturada, como muestra su doble enlace en el centro de la cadena. Fuente: elaboración propia.

Así, se ha observado que entre el 85 y el 90% de la manteca de cacao consta de tres únicos conjuntos de triglicéridos: el POS (palmítico, oleico y esteárico), el SOS y el POP. Estas composiciones específicas son relevantes porque definirán el intervalo de puntos de fusión de la manteca de cacao, como veremos al hablar de la textura.

Azúcar

El término *azúcar* se aplica, en el contexto químico, a un amplio conjunto de compuestos de la familia de los hidratos de carbono, también denominados carbohidratos. En el contexto alimentario, sin embargo, el término *azúcar* se refiere específicamente a la *sacarosa*, de fórmula $C_{12}H_{22}O_{11}$. Está presente como tal molécula en la caña de azúcar y en la remolacha, de donde se obtiene triturando los vegetales y extrayendo el azúcar con agua, la cual se hace cristalizar. Se suele usar azúcar refinado[8], y se denomina *azúcar blanco*, pero también se puede utilizar en algunas composiciones el *azúcar moreno*, sin refinar. Para su uso en el chocolate y otros productos, debe ser molido hasta obtener un polvo impalpable, lo que se conoce *como azúcar glas o glasé*, que contiene un 2 a 3 % de almidón. Sus partículas suelen tener tamaños micrométricos, al igual que el polvo de cacao.

---

[8]   Es probablemente el producto más puro de los que tenemos en casa.

Leche

Para la elaboración del chocolate con leche se utiliza leche en polvo, ya sea entera o desnatada; dependiendo de la composición final deseada, el sabor y la textura resultantes serán diferentes. Los productos lácteos con chocolate, como los batidos, utilizan leche líquida, suero de leche y otros derivados similares.

Grasas no derivadas del cacao

En la formulación de productos como las cremas de cacao (productos 21 y 22 de las tablas), y otros está autorizado utilizar grasas vegetales no procedentes del cacao, como el *aceite de coco* o el de *palmiste*, este último extraído de la almendra de la palmera de aceite de Guinea. Son aceites con una alta proporción de grasas saturadas. Este último también se utiliza como aditivo de la manteca de cacao para frenar el fenómeno del *fat bloom*, que se comentará en el capítulo 3. También se utiliza la *manteca de karité* (etiquetada a veces como *shea butter*), con más del 60% de sus triglicéridos insaturados, derivados del ácido oleico. También se ha utilizado el *aceite de colza* y el *aceite de palma*, que en la actualidad la mayoría de los fabricantes prefieren evitar debido a la mala imagen que tienen entre ciertos consumidores, imagen que, por cierto, es totalmente injustificada. Estas grasas también se utilizan en ciertas preparaciones de chocolate.

Emulsionantes y espesantes

La *lecitina*, o, mejor dicho, las lecitinas, son una familia de moléculas del tipo de los *fosfolípidos*, es decir, grasas con átomos de fósforo en su composición. La más típica es la *fosfatidilcolina*. Se encuentra en la yema de huevo y en el haba de soja, de donde se obtiene principalmente. La familia de las lecitinas es el aditivo alimentario E-322, muy utilizado como estabilizante y emulsionante en diversos productos preparados. En algunas formulaciones de chocolates se añade lecitina para homogeneizar la mezcla, como se comentará más adelante.

También se utilizan como espesantes y emulsionantes los *carragenanos* E-407 y los *mono- y diglicéridos* de los ácidos grasos E-471. Todos estos aditivos alimentarios constan explícitamente en la lista de ingredientes, con el nombre o con el número.

Edulcorantes

La preocupación por la caries dental, la obesidad y la creciente prevalencia de la diabetes tipo II en la población, especialmente entre los jóvenes, ha favorecido la tendencia a sustituir la sacarosa —el azúcar— por otros edulcorantes que no presenten estos problemas sanitarios. Son los aditivos alimentarios con los códigos E-950 hasta E-970, además del E-420 (sorbitol) y E-421 (manitol), que no están presentes en el chocolate.

Los *edulcorantes de carga* sustituyen al azúcar, se añaden en cierta cantidad y aportan peso, textura y volumen al producto, además de endulzarlo. En los chocolates sin azúcares añadidos suele darse el sabor dulce con *maltitol*. Es el edulcorante E-965 (i), de fórmula química $C_{12}H_{24}O_{11}$. Químicamente es un polialcohol, obtenido de la *maltosa* derivada del almidón. Tiene un poder edulcorante del 75 al 90% del azúcar de caña, no provoca caries, tiene la mitad de calorías que la sacarosa y en el organismo no se transforma en glucosa, por lo que puede ser usado por los diabéticos. Se presenta como un polvo blanco consistente, que aporta cuerpo a las preparaciones donde sustituye al azúcar, como chocolates, chicles y turrones.

A veces se utilizan adicionalmente edulcorantes diferentes del azúcar y del maltitol, como el *eritritol*, E-968. En algunas formulaciones se utilizan los *glucósidos de esteviol* (E-960) extraídos de la estevia, que siempre acompañan al maltitol, porque estos glucósidos no son edulcorantes de carga y no proporcionarían consistencia al chocolate. Esta sustancia, de gran poder edulcorante, se ha puesto de moda en los últimos años, sin que haya razones convincentes para preferirla, más allá de una cierta aureola de ecologismo.

Otros ingredientes

El *chocolate a la piedra* (o *chocolate con harina*, que es la denominación legal: *a la piedra* es una alusión a la forma antigua de prepararlo) es una preparación sólida clásica que se usa para hacer el *chocolate a la taza*, preparación líquida pastosa que se debe cocer antes de ser consumida. Contiene como ingrediente una harina que suele ser *harina de arroz* o también *almidón de maíz*, para espesar la mezcla.

También se pueden añadir otros ingredientes para dar sabores al chocolate. Se suelen usar la *canela*, la *vainilla* o la *vainillina* ($C_8H_8O_3$). Este último es un compuesto de la vaina de la vainilla y que se puede obtener por síntesis química. También se pueden usar otros derivados de la vainillina.

El *bicarbonato de sodio* —E-500(ii)— se usa en ciertas composiciones para neutralizar su acidez.

En algunos chocolates se añade *sal* (cloruro de sodio $NaCl$) para darle un sabor diferente (véase producto 18 de las tablas 1 y 2).

La imaginación de los elaboradores en la búsqueda de nuevos mercados y franjas de consumidores hace que se fabriquen todo tipo de tabletas de chocolate con frutos secos, otras frutas, todo tipo de licores, pimienta y una larga lista, aún más larga si añadimos los turrones de chocolate creativos, indistinguibles de las tabletas de chocolate, pero con apartado propio en los códigos alimentarios. Uno de los ejemplos más antiguos fue el producto núm. 17 de las tablas 1 y 2, con arroz inflado.

Capítulo 2

La composición. Análisis químicos y microscopía

A lo largo del capítulo anterior, el examen de los productos con chocolate solo ha tenido en cuenta el inventario cualitativo y cuantitativo de los ingredientes que se han utilizado para hacer las mezclas, y que está indicado obligatoriamente en los envases. Los análisis químicos nos permitirán conocer con más detalle los productos, y obtendremos información a un nivel más profundo.

Hay varios tipos de análisis químicos. El *análisis elemental* de las formulaciones con chocolate es la determinación de la proporción en masa de los *elementos químicos* que componen los diferentes ingredientes: *carbono* C, *oxígeno* O e *hidrógeno* H en las grasas y carbohidratos, también *nitrógeno* N en las proteínas, *sodio* Na de la sal, y otros elementos más minoritarios, como *fósforo* P o *magnesio* Mg. Este análisis tiene interés directo en el campo de la nutrición y la dietética, pero no nos informa de las propiedades organolépticas de las sustancias. El análisis elemental no consta en las etiquetas de los productos.

El *análisis molecular* es la determinación de qué moléculas diferentes hay en la formulación, y cuántas hay de cada una. Son las moléculas que ya estaban en los ingredientes, porque cuando hacemos las mezclas no se crean ni se destruyen: la preparación del chocolate y de otros preparados con chocolate no se lleva a cabo con reacciones químicas, sino que son procesos físicos de cambio de tamaño (trituraciones), de cambio de estado (fusiones o solidificaciones) o de mezclas más o menos íntimas, como disoluciones o emulsificaciones. Sí que ha habido reacciones químicas al fermentar y tostar las habas de cacao, pero las moléculas que se generan en estos procesos son las que estarán presentes en la pasta de cacao.

La mayor parte de los ingredientes de las formulaciones con chocolate derivan directamente de productos naturales y son, como se ha comentado, mezclas muy complejas. Efectivamente, las *grasas* del cacao son mezclas naturales de cientos de moléculas diferentes —pero muy similares— de triglicéridos; las *proteínas* presentes en el chocolate son también moléculas complejas derivadas de la veintena de aminoácidos esenciales existentes; los *carbohidratos* naturales presentes son *azúcares* y *fibra alimentaria* presentes en la pasta de cacao, de diversas composiciones moleculares; los azúcares añadidos suelen ser siempre *sacarosa*. Finalmente, están todos los aditivos, que son mayoritariamente moléculas puras. Las moléculas de las mezclas son las responsables de tres importantes propiedades organolépticas: el olor, el sabor y, parcialmente, el color. En cambio, el conocimiento de las moléculas no nos informa de la textura de las composiciones, y es necesario conocer su estructura microscópica.

En la composición también hay una gran cantidad de moléculas en cantidades muy pequeñas, derivadas todas de los productos naturales. Estos productos presentes en pequeñas cantidades o *micronutrientes* son de muchos tipos y a medida que la investigación avanza se descubren más. Se han destacado, por ejemplo, diversos flavonoides, el triptófano, derivados de magnesio, de potasio, de cadmio o de plomo. Se comentarán en el capítulo 4. Hay otros tipos de análisis químicos que se suelen hacer para caracterizar los alimentos, pero no se hablará de ellos aquí.

El chocolate bajo el microscopio

Una sustancia pura como el agua o la sacarosa, vista con un microscopio óptico o electrónico, no permite distinguir partículas diferenciadas: sus moléculas son demasiado pequeñas para ser vistas. Las disoluciones de una sal o del azúcar tampoco, porque se disuelven totalmente, y las moléculas del azúcar o los iones de la sal quedan entre las moléculas de agua, y son tan pequeños y están tan separados, que el microscopio no tiene suficiente resolución para distinguirlos. En cambio, hay mezclas más o menos complejas que tienen algunos de sus componentes agrupados en forma de gotitas o grumos, que están constituidas por millones de moléculas, y no están disueltas en la masa global, sino dispersos en la masa, pero manteniendo cada gotita su identidad. Son los denominados *sistemas dispersos* o *sistemas coloidales*, que tienen una importancia decisiva en la biología, la química y la ciencia de los alimentos.

Un ejemplo de estos sistemas es la mayonesa, que está constituida por gotitas de aceite —cada gotita con millones de moléculas de triglicéridos— dispersas en un medio continuo que es el agua de la clara de huevo. La mantequilla es otro ejemplo de sistema disperso, donde hay gotitas de agua —cada una con millones de moléculas de agua— dispersas en la masa de grasa, que son los triglicéridos de la leche. La mayonesa y la mantequilla son ejemplos de *emulsiones*, la primera de *aceite en agua* (en abreviatura técnica, O/W o *oil-in-water*) y la segunda de agua en aceite (W/O *water-in-oil*). Los términos "agua" y "aceite" son genéricos, para indicar la fase acuosa, con predominio de agua, y la fase oleosa, con predominio de aceite: no se refieren a agua o a aceite puros[9]. Si una de las fases es sólida se habla de suspensiones: por ejemplo, la salsa bechamel es una suspensión de partículas sólidas de harina —trozos de un grano de cereal— en la mezcla leche-mantequilla.

El chocolate es también un sistema disperso bastante complicado, como se ve en la ilustración 3. Encontramos los tres componentes esenciales: el azúcar, el polvo de cacao y la manteca de cacao. Las partículas sólidas de azúcar son cristalinas, finamente molidas, y separadas entre ellas. Son cristales formados por moléculas de sacarosa. El cacao está constituido por trozos de las habas de cacao trituradas, en forma de un polvo muy fino, y que tiene las partículas separadas entre sí. Cada una de las partículas de polvo de cacao está constituida por la fibra alimentaria, algunos azúcares, las proteínas y un poco de manteca de cacao, como estaban en las células del haba de cacao original.

---

[9] Reiteremos que el *aceite puro* desde el punto de vista del elaborador se refiere a que no ha sufrido adulteraciones ni adiciones, però el *aceite puro* no es una sustancia pura desde la perspectiva química, sino una mezcla natural de muchos triglicéridos distintos, y cada uno sí es una sustancia pura.

Y, finalmente, la manteca de cacao está formada por mezclas de moléculas de triglicéridos, y es sólida o líquida dependiendo de la temperatura a la que esté y según su composición final (véase capítulo 3). Como buena parte de la masa de manteca de cacao está fundida, no son partículas sino líquido muy viscoso, y constituye la fase continua de la mezcla.

¿Cómo están estructurados estos tres componentes en el chocolate? Las partículas de azúcar son de moléculas de sacarosa. Estas moléculas se disolverían muy bien en el agua porque tienen muchos extremos con terminaciones —OH, que son muy *hidrofílicas*, es decir, que tienen afinidad por el agua. Pero en el chocolate no hay agua. En cambio, las partículas de cacao —al que se le ha quitado buena parte de la grasa— son *hidrofóbicas*, tienen una superficie muy seca, como la harina, y se mojarían con mucha dificultad. La manteca de cacao presente en la mezcla, que es una grasa, dispersa fácilmente las partículas de cacao y, en cambio, no tiene ninguna afinidad por el azúcar. En este sentido, el proceso de preparación del chocolate tiene algún punto de similitud con la preparación de la salsa bechamel: en este caso se calienta mantequilla —la grasa, y se le va añadiendo la harina, que se dispersa y se tuesta un poco. El resultado es una pasta dorada que los franceses denominan *roux*, que dispersada con leche dará la salsa. En el chocolate, de forma similar, hay una mezcla íntima de polvo de cacao y de manteca de cacao, con cristales de azúcar dispersos por toda la masa.

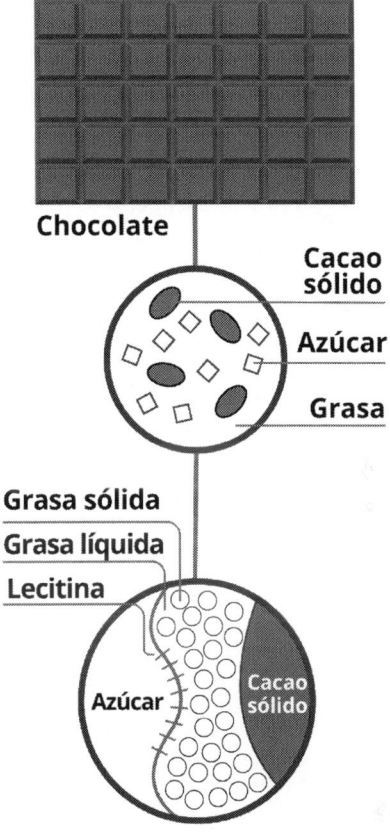

Ilustración 3. Estructura del chocolate vista con ampliaciones microscópicas sucesivas idealizadas. La tableta de chocolate se ve homogénea, pero una primera ampliación permitiría ver los cristalitos de azúcar y las partículas de polvo de cacao sumergidas en la masa de manteca de cacao. Una ampliación superior quizá permitiría apreciar que la manteca de cacao está parcialmente fundida y hay cristalitos de manteca solidificados. Si contuviera lecitina, sus moléculas, invisibles al microscopio, estarían adheridas en parte a la masa de manteca de cacao y en parte al azúcar, favoreciendo su dispersión. Fuente: elaboración propia.

Para conseguir que la dispersión sólida de polvo de cacao en manteca de cacao acepte mejor que se le añada azúcar —hidrofílico— algunas veces se añade a la masa un poco de lecitina, que es el aditivo E-322. Las moléculas de lecitina tienen dos extremos, uno hidrofílico y otro hidrofóbico. El extremo hidrofílico se adhiere a las partículas de azúcar, y el extremo hidrofóbico a la grasa, favoreciendo la dispersión de la mezcla y el resultado es una suspensión sólida estabilizada.

Como se ha dicho, dependiendo de la temperatura, la manteca de cacao estará parcialmente solidificada, porque, como se ha mencionado, la manteca de cacao es una mezcla de muchas estructuras de triglicéridos, con puntos de fusión diferentes. Por lo tanto, la matriz de manteca de cacao es líquida con cristalitos de manteca de cacao sólidos dispersos en su interior. La ilustración 3 procura representar el sistema disperso global. La microscopía, sin embargo, no nos permite distinguir la manteca de cacao líquida de la sólida, y se debe recurrir a otras técnicas como la resonancia magnética nuclear (RMN), bien conocida en medicina, y que permite distinguir masas blandas —la manteca de cacao líquida— de las masas duras, la manteca de cacao sólida cristalizada.

Toda esta estructura determinará en buena medida la textura del producto final.

Algunas propiedades físicas del chocolate

Densidad

Mucha gente diría que el chocolate a la taza es muy denso. Pero estarían hablando en lenguaje coloquial. También podrían decir que es una sustancia espesa, pastosa o viscosa. Pero, en su uso técnico y científico, la **densidad** es la masa —los kilos— de sustancia que hay en un metro cúbico de la misma y no tiene nada que ver con si la sustancia es fluida o pastosa. Estas otras propiedades tienen que ver con la *viscosidad*, y se comentarán más adelante. Hay sustancias poco densas y muy viscosas, como los aceites, y otras sustancias muy densas y poco viscosas.

La densidad no es una propiedad aditiva, es decir, que la densidad del chocolate no se puede conocer por un cálculo simple a partir de la densidad de sus componentes, porque depende de cómo esté estructurada la mezcla. La densidad de la manteca de cacao es aproximadamente 850 kg/m^3, bastante menos que la del agua que es de 1000 a la temperatura ambiente. El azúcar es el componente más denso del chocolate, con un valor de 1587. La densidad del polvo de cacao está entre 400 y 600, pero esta es su densidad aparente porque no está compactada, con todo el aire incorporado que hay entre las partículas. La densidad real de las partículas sólidas de cacao es superior a 1000 kg/m^3. Los tres ingredientes mezclados en el chocolate darán un producto que tendrá una densidad que dependerá de las proporciones de cada componente: en términos generales, cuanto más negro el chocolate, menos azúcar y, por lo tanto, menos densidad. Los chocolates tienen densidades entre 1200 y 1300 kg/m^3. Esta última densidad corresponde al chocolate con leche, que suele contener una proporción más alta de azúcar. Todos los chocolates son más densos que el agua: no flotan.

Conductividad eléctrica

Al hablar de la estructura microscópica del chocolate se ha visto que es una dispersión sólida, en la que las fases dispersas son los cristalitos de azúcar y el polvo de cacao, y la fase continua es la manteca de cacao, que no es conductora de la electricidad. Por lo tanto, el chocolate no es conductor de la electricidad.

Dureza

La **dureza** de una sustancia es una propiedad que se mide en la denominada **escala de Mohs**. Esta escala, creada en 1825 y que es una de las muchas que hay, consiste en un conjunto de diez minerales de dureza creciente con los que se prueba si el material deja rayar su superficie. El material más blando de la escala es el talco, mineral al que se atribuye una dureza 1, y el más duro el diamante, con una dureza 10. La superficie del chocolate es mayoritariamente de manteca de cacao, que tiene una dureza muy baja, como todas las grasas solidificadas: se puede rayar con la uña a temperatura ambiente. Por lo tanto, tiene una dureza menor que 1.

Fragilidad

La **fragilidad** es la propiedad de un material de romperse con facilidad, y es totalmente independiente de la dureza. La fragilidad depende de la estructura del material. El chocolate tiene como fase continua la manteca de cacao, y a temperatura ambiente esta masa se puede cortar o romper sin esfuerzo, porque no se deforma: es bastante frágil y hace un poco de ruido crujiente al romperse. En cambio, las tabletas de chocolate refrigeradas —práctica que no se aconseja porque cambian las propiedades de la manteca de cacao, como veremos— están un poco más endurecidas y cuesta un poco más romperlas. En ambos casos se rompen de forma limpia, pero la fractura no es regular como sería la fractura de un mineral cristalizado.

Mojabilidad

La **mojabilidad** es la capacidad de un material para que el agua se adhiera a su superficie. Debido a que la superficie del chocolate es grasosa, no se moja fácilmente: es una superficie *hidrofóbica*, como se ha comentado al hablar de la estructura microscópica. El agua que pueda llegar a ella queda en forma de gotas grandes que se pueden desprender fácilmente.

Viscosidad

La **viscosidad** es la medida de la dificultad que tiene un fluido para fluir. Este concepto forma parte de un campo científico y técnico de gran importancia en la tecnología de los alimentos, denominado **reología**. En el mundo del chocolate los estudios sobre viscosidad tienen importancia en los derivados líquidos o pastosos. Por su relación con la textura se comentará en el capítulo 3.

Punto de fusión

No se puede atribuir al chocolate un punto de fusión concreto. Esta cuestión es muy importante a la hora de hablar de la textura de los productos de chocolate, y se le dedicará un apartado más adelante.

Las características organolépticas clásicas, como color, olor y sabor, serán descritas y comentadas en el capítulo 4.

Capítulo 3

Las texturas del chocolate

Texturización

En el mundo de la gastronomía, uno de los conceptos utilizados con más éxito por parte de los restauradores innovadores es la *texturización*. No significa, a diferencia de lo que pueda parecer, dar textura a algún producto que no la tenga, ya que todo tiene una cierta textura, sino que significa modificar la textura que tiene actualmente y darle otra considerada más deseable. El primer problema en toda esta cuestión es el de la definición de textura. Y una vez definida y caracterizada la textura del producto debemos, a continuación, inventar los procedimientos para modificarla y obtener la nueva textura deseada.

¿Qué textura tiene el chocolate? Esta pregunta hecha al público en general puede tener muchas respuestas diferentes, como lisa, gustosa, dulce, áspera, crujiente, oscura... Estas respuestas abiertas y espontáneas nos ayudan a aproximarnos científicamente al tema de las texturas, ya que son la base del *análisis sensorial*, del que después se hablará. El concepto de *textura* ha cambiado mucho a lo largo del tiempo, como se puede comprobar consultando los diccionarios históricos, y ha ganado en extensión. Comenzó refiriéndose a las sensaciones del tacto de la ropa y de los tejidos sobre la piel, con atributos como la rugosidad, la aspereza o la calidez. Luego incorporó todos los atributos relacionados con el tacto de cualquier material, como un mineral, un plástico o un metal, y añadiendo atributos como granulosidad, grado de pulido o dureza. Actualmente, el concepto de textura también se vincula a los alimentos, y muy especialmente a sus aspectos gastronómicos, con atributos como crujencia, cremosidad o untuosidad. Por extensión, se habla también de la textura musical de una obra, la textura del suelo, o la textura de una pintura, entre muchas otras acepciones. En todos los campos donde se usa el concepto, sin embargo, nunca se refiere a una única propiedad, sino a un conjunto. En las texturas, el sentido del *tacto* es fundamental, y por eso el estudio de las texturas forma parte de la *háptica*, neologismo ya normativo que significa *ciencia del tacto*.

La definición de textura, según el diccionario de la Real Academia Española (RAE) tiene tres acepciones, y ninguna de ellas se refiere a los alimentos. Las dos primeras son relativas a tejidos y telas, y solo la tercera, y con imaginación, se podría referir a un producto alimentario preparado: "Estructura, disposición de las partes de un cuerpo, de una obra, etc.". Pero el término es ampliamente utilizado en tecnología de alimentos, e incluso una norma oficial de la Agencia Española de Normalización (AENOR) la define como "el conjunto de propiedades mecánicas, geométricas y de superficie de un producto, perceptibles por los mecano-receptores, los receptores táctiles y en ciertos casos los visuales y los auditivos". La textura es, pues, un conjunto de propiedades —no una sola—, perceptibles por diferentes receptores sensoriales del cuerpo humano.

Para poder avanzar en la comprensión profunda de por qué el chocolate tiene las propiedades que tiene, será necesario relacionar las características físicas y químicas con la terminología, los conceptos y las formas de medir las diferentes propiedades que se vinculan a la textura, y con la disposición y características de las partículas que integran el chocolate. Hemos visto los fundamentos en los capítulos 1 y 2. Ahora debemos hacer la integración, y este será el objetivo del capítulo presente.

Midiendo las sensaciones

La medición cuantitativa de las sensaciones en la degustación de un alimento, *sus características organolépticas*, es difícil de objetivar y normalizar, ya que las sensaciones son personales y se expresan en términos que se resisten a valoraciones objetivas comparables entre individuos. Veámoslo con un ejemplo: imaginemos que tres consumidores valoran un chocolate con un 70% de cacao (como el producto número 9 de la tabla 2); el primer consumidor podría decir que lo encuentra dulce y le gusta; el segundo que lo encuentra dulce y no le gusta; y el tercero que no lo encuentra dulce, pero sí le gusta. El chocolate es el mismo, con un 30% de azúcar, que es un valor objetivo medido por técnicas analíticas químicas, y por lo tanto es un valor no opinable. Pero, en cambio, las dos propiedades analizadas en el panel de catadores, que son el grado de dulzura —la característica *organoléptica*— y la satisfacción que proporciona el producto —la sensación *hedonística*—, no demuestran unanimidad.

Por lo tanto, es necesario encontrar procedimientos para unificar la terminología de las propiedades no objetivas —la dulzura, en el ejemplo anterior— relacionadas con la textura y vincularlas con las observaciones fisicoquímicas objetivas determinadas en laboratorio; a continuación, hay que encontrar escalas de comparación para cada una de estas propiedades no objetivas; y, finalmente, hay que encontrar sistemas —preferiblemente cuantitativos— para que los consumidores puedan expresar sus valoraciones de las propiedades del producto, y que estas valoraciones sean objetivamente comparables entre sí. Esta es la tarea del *análisis sensorial*. Todo este trabajo tiene diferentes objetivos finales: el control de la calidad de los productos; conocer la aceptación que un producto nuevo —o uno antiguo modificado— tiene a los ojos de los consumidores; y relacionar todo el trabajo anterior con medidas científicas y técnicas que permitan a los investigadores y elaboradores definir procedimientos lo más objetivos posible para la comparación de productos.

La terminología de las texturas

Cualquier persona puede describir un alimento con terminología cotidiana. Por ejemplo, de una mandarina se puede decir que es ácida, blanda, dura, fibrosa, jugosa, compacta, y mil adjetivos más. De un chocolate, que es dulce, harinoso, con trozos de fruta, crujiente, blando, quebradizo... La recopilación de todos los adjetivos que digan cientos de consumidores de manera sistemática no es fácil: es necesario que todos los consumidores se refieran a la misma sensación con el mismo adjetivo, y hay que eliminar redundancias e imprecisiones. Este trabajo se ha hecho en todos los campos, también en todos los sectores de los alimentos, y se ha podido unificar la terminología con la que se describen las texturas. Las diferentes agencias estatales generan normas sobre cómo hacer análisis y medidas de todo tipo de productos, materiales, instrumentos y todo lo imaginable. Y, naturalmente, hay normas para definir cómo hacer los análisis sensoriales y determinar las texturas de los alimentos. En España es la Agencia Española de Normalización (AENOR) quien hace esta función, y edita las normas UNE, normalmente traducidas de otras normas internacionales. La norma UNE 87025:1996 se refiere a análisis sensoriales y perfil de texturas y es la vigente en el momento de escribir este texto.

Según esta norma, las texturas de los alimentos se dividen en tres grandes grupos independientes correspondientes a tres tipos de propiedades: *propiedades mecánicas*, *propiedades geométricas* y *propiedades de superficie*. Cada uno de estos grupos de propiedades contiene varios *atributos*, que son cada una de las propiedades; y cada uno de los atributos consta de varios *descriptores*, que son los diferentes adjetivos que precisan las propiedades. Hay en total hasta cuarenta descriptores. De cada uno de estos descriptores, la norma da un ejemplo de alimento. A continuación, se resume todo el esquema:

Propiedades mecánicas

- – Dureza
- – Blando (queso para untar)
- – Firme (aceituna)
- – Duro (caramelo duro)
- Cohesión
  - – Fragilidad
    - · Desmenuzable (polvorón)
    - · Crujiente (manzana, zanahoria cruda)
    - · Quebradizo (cacahuetes tostados)
    - · Crujiente (corteza de pan, patatas fritas)
  - – Masticabilidad
    - · Tierno (guisantes tiernos)
    - · Masticable (caramelo tipo gominola)
    - · Correoso (carne dura)
  - – Gomosidad
    - · Arenoso (galletas de fibra)
    - · Harinoso (judías secas cocidas)
    - · Pastoso (puré de patatas)
    - · Gomoso (gelatina)

- Viscosidad
  - Fluido (agua)
  - Espeso (chocolate caliente)
  - Viscoso (leche condensada, miel)
- Elasticidad
  - Plástico (mantequilla)
  - Elástico (calamar)
- Adherencia
  - Pegajoso (arroz pasado)
  - Adherente (caramelo de café con leche)

Propiedades geométricas

- Granulosidad
  - Harinoso (azúcar glas)
  - Granuloso (sémola)
  - Arenoso (ciertas peras)
  - Grumoso (queso fresco)
  - Perlado (caviar)
- Estructura
  - Laminado (bacalao cocido)
  - Fibroso (apio, espárrago)
  - Pulposo (pulpa de melocotón)
  - Celular (mandarina)
  - Esponjoso (merengue)
  - Cristalino (azúcar granulado)

Propiedades de superficie

- Humedad
  - Seco (galleta salada)
  - Húmedo (ciertas manzanas)
  - Jugoso (naranja)
  - Suculento (carne jugosa)
  - Acuoso (sandía)
- Carácter graso
  - Aceitoso (sardinas en aceite)
  - Graso (tocino frito)
  - Seboso (sebo)

Fuente: Asociación Española de Normalización, UNE. Norma UNE 87025:1996 *Análisis sensorial. Metodología. Perfil de textura.*

Un mismo alimento puede tener atributos de propiedades diferentes para caracterizarlo, pero solo un descriptor para cada atributo. Este esquema tiene diferentes puntos débiles, como la repetición de algunos atributos para categorías diferentes, o algunos ejemplos no lo suficientemente concretos ("ciertas peras", por ejemplo). A pesar de esto, es lo suficientemente amplio y comprensivo para abarcar la mayor parte de las texturas de los alimentos. Observamos, además, que se menciona el chocolate caliente en las propiedades mecánicas, en concreto en el atributo viscosidad, con el descriptor *espeso*.

Descriptores de texturas del chocolate

Los ingredientes básicos del chocolate tienen texturas muy diferentes entre ellos. A temperatura ambiente, y solo con el tacto manual fuera de la boca, los descriptores que se les pueden aplicar son muy diferentes entre sí:

- Del azúcar en polvo se puede decir que es duro, quebradizo, granuloso o harinoso, cristalino y seco.
- En cambio, la manteca de cacao es blanda, tierna, pastosa, viscosa, plástica, pegajosa y sebosa.
- Por su parte, el polvo de cacao es desmenuzable, arenoso, harinoso y seco.

Sin embargo, como ocurre con muchas otras propiedades, al mezclar los ingredientes de una preparación, el producto final de la mezcla acaba teniendo texturas que no tienen por qué parecerse a las de sus ingredientes[10].

Por otro lado, no es la misma textura la que muestra la tableta de chocolate cuando se saca del envoltorio que la textura que se aprecia cuando nos ponemos un trozo de chocolate en la boca, evoluciona en su interior y finalmente lo tragamos. Este aspecto, que, de hecho,

---

[10] Quizás esta sea la esencia de la cocina: dominar el arte de las texturas de las mezclas.

es esencial en la gastronomía, será descrito en este capítulo un poco más adelante.

Nos referiremos a las tabletas de chocolate clásicas: solo cacao, manteca de cacao y azúcar (productos 6, 7, 8, 9, 10 y 11 de las tablas 1 y 2). Los descriptores que se les pueden aplicar, a temperatura ambiente también y solo al tacto, sin ingestión, serían:

- Propiedades mecánicas
  - Dureza: firme, en general
  - Fragilidad: crujiente o quebradiza
  - Gomosidad y viscosidad: no pueden ser evaluadas directamente a simple vista
  - Elasticidad: plástica
  - Adherencia: predominantemente pegajosa
- Propiedades geométricas
  - Granulosidad: no granulosa
  - Estructura: más bien cristalina
- Propiedades de superficie
  - Humedad: seco
  - Carácter graso: a temperatura ambiente, no.

Estos descriptores de textura del chocolate sólido se pueden relacionar bien con la estructura microscópica del chocolate. Es una dispersión sólida, en la que la fase continua es la manteca de cacao, y la presencia de azúcar en polvo y polvo de cacao no cambian excesivamente las texturas globales. A temperaturas un poco más frías que la ambiente, la manteca de cacao es una masa sólida con partículas de azúcar y de cacao incrustadas. Pero no es tan simple como la frase anterior puede parecer, porque la manteca de cacao es un producto muy complejo.

La fusión y la solidificación de la manteca de cacao

Este es un aspecto decisivo para poder comprender las propiedades de los chocolates. Como hemos visto en un apartado anterior, la manteca de cacao es una mezcla de muchos triglicéridos diferentes, mayoritariamente el triglicérido POS (derivado del ácido palmítico, oleico y esteárico), el SOS (esteárico, oleico y esteárico) y el POP (palmítico, oleico y palmítico). De hecho, es bastante más complicado, porque la estructura de glicerol base de los triglicéridos tiene tres carbonos con grupos OH que reaccionan cada uno con un ácido graso. Y dependiendo de cuál sea el orden de los ácidos grasos unidos al glicerol, las propiedades de la molécula cambian: no es lo mismo el triglicérido POS (con el palmítico unido al carbono 1, el oleico al carbono 2 y el esteárico al carbono 3) que el triglicérido PSO: las formas de las moléculas son algo diferentes, y las estructuras sólidas que forman al cristalizar son también diferentes.

La ilustración 2 es la representación de un triglicérido POS típico, con sus tres cadenas P, O y S desarrolladas. Los triglicéridos POS, SOS y POP constituyen más del 85% de la manteca de cacao. P y S son cadenas saturadas, es decir, todos los enlaces carbono-carbono son enlaces simples. En cambio, la cadena de ácido oleico O tiene en su centro un enlace entre dos carbonos que es un enlace doble, un enlace no saturado, que le da propiedades diferentes: una proporción superior de cadenas con enlaces no saturados hace que las grasas tengan puntos de fusión inferiores[11]. En el caso del cacao, se da el curioso hecho de que cuanto más próximo al ecuador sea el origen del fruto, más blanda —menos saturada— es la manteca de cacao que contiene. Esto es importante para los elaboradores de chocolates y bombones. Para los chocolates comerciales, interesa que el oleico se haya unido mayoritariamente al carbono 2 —el central— del glicerol, como en la figura.

---

[11] Es lo mismo que sucede en la grasa de cerdo en comparación con la grasa de cordero: esta última es principalmente de cadenas saturadas, y por ello al enfriarse se vuelve sólida antes.

CONOCER A TIEMPO 4

¿Sólido o líquido?

La clasificación elemental de los estados de la materia en sólido, líquido y gas no es apropiada para los alimentos, tampoco para el chocolate, por dos motivos. Los sistemas dispersos, y el chocolate es uno de ellos, están constituidos por diferentes fases, que pueden estar cada una en un estado diferente: en el chocolate el azúcar está en forma de cristales sólidos, el polvo de cacao como partículas también sólidas, y la manteca de cacao, a temperatura ambiente, es una mezcla de cristales sólidos y una masa líquida. La tableta de chocolate, que es la mezcla de todas las fases anteriores, la observamos como sólida porque mantiene la forma, pero en su interior hay líquido: es un sistema disperso complejo. Por otro lado, la manteca de cacao, cuando se funde, da líquidos de gran viscosidad a los que nos cuesta atribuir la categoría de líquido, porque son muy diferentes de otros líquidos de la cocina, como el agua, el vinagre, la leche o el vino. Pero la manteca de cacao o el chocolate fundido son líquidos, como los aceites muy viscosos. Realmente son un poco peculiares: veremos sus características al hablar de la viscosidad y la viscoelasticidad, en el *Conocer a tiempo* núm. 5.

Polimorfismo

Las mezclas de sustancias químicamente similares, pero con moléculas algo diferentes entre ellas, como estos triglicéridos, no suelen tener un único punto de fusión definido, sino aparentemente una franja de puntos de fusión. La causa es que estos triglicéridos presentan el fenómeno del *polimorfismo*. Este término se refiere al fenómeno en el que, al enfriarse y congelarse, las moléculas de la mezcla se agrupan en diferentes tipos de estructuras denominadas *polimorfos*, con empaquetamientos de diferente grado de compactación, pero cada uno de ellos relativamente estable. Cada polimorfo se comporta casi como una sustancia pura: tiene propiedades específicas diferentes de los otros polimorfos, puede cristalizar con estructuras propias, y tiene un punto de fusión determinado y diferente de los otros polimorfos. Este comportamiento no es específico de la manteca de cacao: otras sustancias también lo presentan. El caso más sencillo y conocido es el de los polimorfos grafito, diamante y grafeno: todos tienen la misma composición química, son formas de carbono puro C, pero no se parecen en nada en sus propiedades. No todos los materiales que cristalizan presentan el fenómeno del polimorfismo, pero en los casos en los que ocurre, el conocimiento del fenómeno es crítico: por ejemplo, ciertas formas polimórficas de moléculas de medicamento son tóxicas y, en cambio, otras, con la misma composición, pero cristalizadas en un polimorfo diferente, son el fármaco curativo. Es necesario que, en la fabricación del medicamento, cristalice el no tóxico y se evite la cristalización del nocivo.

El comportamiento de los polimorfos de la manteca de cacao también es crítico para las propiedades del chocolate. En la manteca de cacao sólida se han identificado seis polimorfos, que se denominan, con poca imaginación, polimorfos I, II, III, IV, V y VI, según una clasificación hecha en 1966. Cada una de estas formas polimórficas tiene un punto de fusión propio. Son, respectivamente, 17 °C, 23 °C, 25 °C, 27 °C, 33 °C y 36 °C. Este hecho es el que explica que, a una temperatura ambiente de 20 °C, en el chocolate haya parte de la manteca de cacao en forma líquida[12] (polimorfo I) y en su interior grumos —imperceptibles al paladar— de manteca de cacao sólida, correspondientes a los otros polimorfos que aún no se han fundido. Los cristalógrafos explican que, partiendo de manteca de cacao líquida —sea pura o ya mezclada con cacao y azúcar en forma de chocolate líquido—, y que, por lo tanto, está a una temperatura

---

[12] La manteca de cacao líquida, en las temperaturas que se mencionan aquí, es un líquido muy viscoso y que fluye con dificultad a causa de su estructura. A simple vista no se aprecia el líquido.

superior a los 36 °C, la velocidad en la que enfriamos la masa permite obtener los diferentes polimorfos por separado, y esto es un aspecto fundamental a la hora de hacer las tabletas o las figuras de chocolate. Por otro lado, y con el tiempo y dependiendo de la temperatura ambiente, unos polimorfos se transforman en otros, aspecto que tiene importancia en el almacenamiento de la manteca de cacao y los chocolates.

El polimorfo deseado en las tabletas y barras de chocolate es el polimorfo V, porque tiene el punto de fusión de 33 °C, un poco inferior a la temperatura del interior de la cavidad bucal, que es de 36,5 o 37 °C. Al poner un trozo de chocolate en la boca, si la manteca de cacao es principalmente del polimorfo V, la boca calentará el chocolate y este se fundirá, mientras que el paladar y la lengua se enfriarán ligeramente al ceder el calor requerido para la fusión: esta sensación refrescante es placentera al degustar el chocolate, y es la que los fabricantes buscan para sus productos. Además, la forma V es más dura y al masticarla es bastante crujiente, aspecto que también es atractivo.

¿Cómo conseguir maximizar la obtención del polimorfo V a partir de la manteca de cacao fundida? El control de la velocidad de enfriamiento de la masa es determinante en el proceso: si la velocidad de enfriamiento es de 10 °C por minuto o más rápida, se forman principalmente polimorfos I y II. Si la velocidad de enfriamiento de la masa es de 2 °C por minuto, se forman principalmente polimorfos III y IV. Ninguno de estos polimorfos interesa a los fabricantes. Para obtener por enfriamiento la máxima cantidad del polimorfo V, sería necesario refrigerar la masa de manteca de cacao fundida —o el chocolate líquido— a velocidades tan lentas como 0,01 °C por minuto, o menos, y esto es inviable industrialmente. Sin embargo, existe un proceso alternativo denominado *proceso de temperado* que permite obtener y estabilizar los cristales del polimorfo V. El *proceso de temperado del chocolate* empieza a partir del chocolate completamente fundido, a más de 45 °C. A continuación, se enfría con cierta rapidez hasta 27 °C, justo antes de que cristalice el polimorfo IV. Luego, se recalienta durante 15 minutos a 32 °C y se mantiene a esta temperatura durante un largo período de tiempo, denominado de *maduración*. El proceso de crecimiento de cristales del polimorfo V tiene lugar principalmente durante estos dos procesos de enfriamiento y maduración. Así se consigue la textura deseada, y además la superficie del chocolate solidificado será brillante y suave, también propiedades deseables en el chocolate. El proceso de temperado puede realizarse también en la cocina doméstica, siempre que se respeten las temperaturas con precisión.

El *fat bloom*

Fat bloom, *eflorescencia grasa* o *emanación de grasa* son los nombres que recibe el fenómeno de aparición en la superficie del chocolate sólido de una capa de grasa blanca. El fenómeno ocurre principalmente en verano cuando un chocolate a una temperatura ambiente algo alta se ha sometido a un enfriamiento brusco en el refrigerador. Los polimorfos de punto de fusión más bajo están fundidos a temperatura ambiente y pueden difundirse por capilaridad por el interior de la estructura sólida y llegar a la superficie. Si se enfría el conjunto, congelan en la superficie y le dan una apariencia blanca. Esta grasa nuevamente solidificada suele hacerlo en forma de polimorfo VI, que tiene una estructura rugosa y desagradable, en opinión de muchos consumidores. El chocolate en estas condiciones tiene las mismas propiedades nutritivas y el sabor originales, pero muchos consumidores lo rechazan. Hay marcas comerciales que dejan de vender algunos de sus productos durante el verano, para evitar que presenten el *fat bloom*, que parte del público imagina —erróneamente— que es debido a hongos. Otras marcas han diseñado grasas *antibloom*, que se adicionan a la manteca de cacao y frenan el paso del polimorfo V al VI.

Los texturómetros y el análisis sensorial

Cuando fundimos chocolate tienen lugar diferentes fenómenos físicos y químicos que se pueden interpretar a partir de las propiedades que hemos ido viendo del chocolate sólido y su fusión, pero es necesario profundizar un poco más. En concreto, falta hablar de propiedades como la *viscosidad* y la *viscoelasticidad*; también es necesario hablar de los aparatos que las miden, como son los *viscosímetros* y los *reómetros*; y, sobre todo, es necesario saber cómo se miden las texturas, y para ello es necesario hablar también de los *texturómetros* o analizadores de texturas, y otros equipos anexos. Y, después de todo esto, podremos entender qué pasa al fundir chocolate para hacer chocolate a la taza, y por qué se quema casi siempre cuando lo hacemos en casa.

Como se ha visto en el apartado anterior, hay muchos componentes a la hora de evaluar una textura. Las listas de atributos no son cuantitativas sino cualitativas, y resulta interesante para elaboradores e investigadores tener sistemas tan objetivos como sea posible para poder determinar componentes de texturas. Para ello, existen los *texturómetros*, que, como su nombre indica, son aparatos para medir y cuantificar texturas. Los viscosímetros y los reómetros son texturómetros especializados en la medida de propiedades de fluidos.

Estos son aparatos usados desde hace muchos años en el ámbito de la ciencia y la tecnología de materiales con el nombre de *máquina de ensayos universales*. Cuantifican cómo se comporta un alimento cuando se le somete a una perturbación mecánica. Su aplicación en el campo de los alimentos se popularizó en la década de los años 90 del siglo XX. Su diseño es el apropiado para obtener datos técnicos del comportamiento de los materiales, pero no es fácil relacionar los datos que suministran con las propiedades científicas físicas más básicas y con las sensaciones del consumidor.

Un texturómetro es un instrumento de sobremesa que está formado en esencia por dos partes. La primera es fija, y es donde se deposita el material que se quiere estudiar. Tiene diferentes sensores para determinar propiedades del material, como dimensiones, temperatura, grado de deformación, presión a la que se somete la muestra y otras. La segunda parte del aparato es un brazo móvil que se posiciona sobre el material y lo somete a una acción mecánica, con alguno de los cabezales que se pueden fijar en él. Esta acción realizada por el cabezal, dependiendo del parámetro que se quiera medir, puede ser una presión, un corte, una rotación, un cizallamiento, una deformación, una perforación, una punción o cualquier otra. El aparato en su conjunto determina y registra al mismo tiempo la fuerza necesaria para realizar la acción y cuál ha sido la respuesta obtenida, como el grado de penetración, la deformación obtenida o el desmenuzamiento logrado, por mencionar tres de los muchísimos que se pueden medir con los accesorios adecuados. El análisis de los resultados permite caracterizar el alimento y atribuirle un valor numérico a la propiedad que se está midiendo. Los aparatos pueden programar ciclos de operación a voluntad del operador, como compresión-relajación-compresión, y la duración de cada uno. En todo momento se va siguiendo el comportamiento del material, todo queda registrado y el análisis de los resultados permite sacar conclusiones sobre la propiedad de la textura que se está analizando.

Por otro lado, es necesario relacionar los datos físicos que dan los texturómetros con las sensaciones del consumidor. Las técnicas que se usan son las propias del *análisis sensorial*, que es el conjunto de pruebas realizadas con paneles humanos. Varios usuarios —entrenados o no, dependiendo de lo que se quiera analizar—, reciben instrucciones precisas para caracterizar las texturas del producto, normalmente masticándolo; analizan las diferentes propiedades y atributos, definiendo en su opinión los adjetivos apropiados para el producto, y cuantifican la propiedad analizada por comparación con productos estándar que se les proponen. La comparación de los resultados obtenidos del análisis sensorial y de los texturómetros permite caracterizar un determinado alimento relacionando física y sensaciones de forma cuantitativa. Estas técnicas son especialmente útiles para el control de calidad de los productos que se fabrican, para valorar la aceptación de un nuevo producto, o para evaluar las modificaciones que los fabricantes introducen a los productos —por ejemplo, sustituyendo el azúcar por edulcorantes.

Existen más técnicas para caracterizar texturas. Para eliminar la subjetividad del consumidor se han ideado y desarrollado las *bocas artificiales*. Son aparatos que simulan de manera controlada las condiciones de la cavidad humana en la ingesta de un alimento. Tienen un sistema de masticación mecánica, adición de saliva artificial, y mantenimiento de la temperatura. Se introduce el alimento en su interior, y se mide la fuerza de masticación y el grado de desmenuzamiento del producto al cabo de un tiempo programado. Se comparan sus resultados con los del análisis sensorial y se pueden también sacar conclusiones cualitativas y cuantitativas sobre las texturas de los alimentos.

CONOCER A TIEMPO 5

Viscosidad, fluidos newtonianos y no newtonianos

En la lista de atributos de las texturas figura el concepto de viscosidad, con tres descriptores: fluido, espeso y viscoso. Esta es una aproximación no científica, sino práctica, que usa la terminología cotidiana. Pero hay una aproximación más científica. Según la ciencia, la viscosidad es la medida de la dificultad de un fluido para moverse bajo la acción de una fuerza externa. Hay aparatos muy sencillos que permiten medirla, y de ahí surge una clasificación en líquidos muy poco viscosos, como el alcohol; poco viscosos, como el agua, y viscosos o muy viscosos, como los aceites. Todos estos líquidos se denominan *newtonianos*, por razones históricas. Pero hay líquidos que se resisten a esta clasificación tan simple. Las pinturas, la mayor parte de cosméticos, y muchos alimentos sólidos-pastosos, como la salsa de tomate, las mermeladas, la mayonesa o el kétchup. Todas estas sustancias reciben el nombre de *fluidos no newtonianos*, y presentan comportamientos muy variados. El chocolate líquido presenta un comportamiento no newtoniano similar al del kétchup. Necesita una cierta agitación inicial para que fluya. Este comportamiento se denomina *pseudoplástico*. Cuando se hacen figuras de chocolate a partir de chocolate fundido puede ser que se formen burbujitas de aire en la masa, que no se eliminan solas, y es necesario sacarlas mediante la vibración de la masa caliente.

El comportamiento de los fluidos puede ser extraordinariamente complejo, y es el dominio de la *reología*, ciencia que estudia el flujo y la deformación de los materiales. Hay fluidos que se comportan como líquidos bajo ciertas condiciones, y como sólidos en otras condiciones. Reciben el nombre de fluidos viscoelásticos y son de gran importancia en la ciencia de los alimentos. Se caracterizan mediante *reómetros*, que son texturómetros especializados.

El cambio de textura al hacer chocolate a la taza

Para hacer chocolate a la taza hay que tomar una tableta de chocolate para taza —o chocolate a la piedra, como a veces se le llama, productos 11 y 12 de las tablas—, calentarla con leche (o agua, si se quiere preparar chocolate a la española) y remover constantemente, evitando que se adhiera a las paredes y al fondo. Químicamente, no ha habido ningún cambio: la manteca de cacao del chocolate se ha fundido, se ha mezclado con el líquido y se ha formado una emulsión espesa. El azúcar se ha disuelto en el agua de la leche, y el polvo de la pasta de cacao se ha dispersado. El chocolate para hacer a la taza tiene otro componente: harina de arroz o harina de maíz. Con el agua, las partículas de estas harinas se hinchan, se dispersan en la mezcla y aumentan la viscosidad y el espesamiento. Pero, si dejamos de remover, la masa se adhiere y se quema.

La causa de este comportamiento es la elevada viscosidad del producto. Cuando un líquido se calienta en un recipiente que recibe el calor por la base, se reduce su densidad y este líquido menos denso subirá a la superficie del recipiente. El líquido más frío que estaba en la superficie descenderá al fondo y se calentará. Este proceso es continuo y se repite: se crean así las *corrientes de convección*, muy visibles en ollas y cazuelas con líquidos. Pero si la masa líquida es muy viscosa —y más si es pseudoplástica, como el chocolate líquido—, las corrientes de convección no se llegan a crear porque se requeriría mucho esfuerzo para mover la masa, y la diferencia de densidad entre el fluido caliente y el frío no es suficiente. El resultado es que la masa de chocolate no se remueve espontáneamente y solo se va calentando por debajo hasta que se quema, mientras que la masa de la superficie del recipiente se mantiene fría. La manera de evitar que el chocolate se queme es removiendo a mano o con instrumentos mecánicos la masa de cocción, y asegurándose de que las paredes del recipiente no se calienten a temperaturas elevadas.

Las reacciones de Maillard

Hay un segundo factor que potencia el efecto de "chocolate quemado". Son las reacciones de Maillard.

En la masa de cocción del chocolate a la taza hay azúcar y leche, que aunque sea desnatada contiene proteínas. Siempre que en un medio caliente haya azúcares, harinas, féculas o almidones, mezclados con proteínas, tienen lugar las reacciones de Maillard, que se dan a mayor velocidad a temperaturas elevadas, normalmente por encima de los 150 °C. Estas reacciones son un conjunto muy complicado de reacciones químicas, aún no completamente conocidas, que generan productos de colores más oscuros que los originales, productos con aromas nuevos, inexistentes al principio, y sabores también no presentes en los productos iniciales. Los cambios de color, sabor y olor son característicos de la cocina, y es que estas reacciones están presentes en la mayor parte de las preparaciones culinarias hechas a alta temperatura, como carne rebozada, pescado frito, pan, galletas, frutos secos tostados y una larga lista. Las reacciones de caramelización se parecen un poco a las reacciones de Maillard, pero las caramelizaciones son responsabilidad únicamente de los azúcares presentes, sin proteínas. El caramelo hecho a partir de azúcar o la cebolla caramelizada son ejemplos de ello.

Cuando hacemos el chocolate a la taza, habitualmente la pared y el fondo de la olla o cazuela están mucho más calientes que la masa en cocción, y es en la pared y en el fondo de la olla donde comienzan las reacciones de Maillard entre el azúcar y las proteínas de la leche. La viscosidad de la masa, junto con las reacciones de Maillard, son las responsables del sabor y el olor a chocolate a la taza quemado tan habitual, desafortunadamente, en las chocolatadas. Estas reacciones de Maillard tienen lugar también, en cierta medida, en la torrefacción de las habas de cacao durante su recolección, y son las responsables de los cambios de color de las habas tostadas y de parte de los sabores y aromas.

Capítulo 4

Sabor, olor, color, flavor

El incremento de la cultura gastronómica entre la población en los últimos años se debe a la globalización, a las facilidades para viajar, a las modas y a la proliferación de restaurantes y tiendas de todo el mundo. Las empresas productoras han ampliado mucho la gama de productos que ofrecen, así como la sofisticación de los mismos. Esto ha llevado, entre otras consecuencias, al desarrollo del turismo gastronómico, con muchas variantes y diferentes tipos de actividades. Desde hace muchos años, las catas de vinos son populares como actividad turística gastronómica, y cada vez se popularizan más las catas de jamón, queso o chocolate, organizadas por todo tipo de entidades o empresas, y dirigidas al gran público. Estas catas pueden tener un formato similar al de las actividades de análisis sensorial descritas en el capítulo anterior, o centrarse solo en aspectos específicos, y normalmente buscan dar a conocer al público gamas de productos de una misma empresa o de un territorio.

Existen algunas reglas básicas para llevar a cabo una cata de chocolate con un mínimo de seriedad. Las fundamentales son:

- Los chocolates que se probarán serán negros.
- Se debe realizar la cata a temperatura ambiente, alrededor de 20 °C.
- Se debe proceder desde el chocolate con menor porcentaje de cacao al de mayor porcentaje.[13]
- Al cambiar de producto, se debe enjuagar la boca con agua fría.

Las catas de alimentos no suelen seguir los parámetros de determinación de texturas de AENOR, sino que suelen ser adaptadas por los organizadores.

---

[13] Cuando, hace unas décadas, la empresa *Lindt* sacó al mercado su chocolate de 99% de cacao incluyó instrucciones para su degustación: debía tomarse después de haber comido un poco de los chocolates de 70 y 85%, para que no sorprendiera un gusto tan amargo de entrada.

Por ejemplo, una cata comercial puede destacar los siguientes parámetros: sabor, aroma, textura, sensación en boca y fusión. Estos se comentarán en los apartados siguientes.

Gastrofísica y neurogastronomía

Color, sabor, gusto, olor, flavor y texturas son las características de los alimentos que deben ser evaluadas por el consumidor. Para poder hacerlo, cada persona desde su nacimiento cuenta con un conjunto de diversos tipos de sensores integrados en el organismo. Cuando el alimento llega a la boca, se somete a todo tipo de estímulos y transformaciones que lo modifican, haciéndole desprender aromas y sabores y cambiando su textura y composición. Todos estos cambios son detectados por nuestros sensores, que se encuentran ubicados, en su mayoría, en la cavidad bucal y su entorno.

La influencia que tiene el entorno en cada uno de nuestros sensores puede llevar a captar las sensaciones organolépticas de maneras muy diferentes. Las nuevas disciplinas de la *gastrofísica* y la *neurogastronomía* estudian detalladamente estas influencias, que son aplicadas por los grandes chefs para diseñar nuevas formas de degustar sus preparaciones. **Heston Blumenthal**, chef del restaurante *The Fat Duck*, uno de los más premiados del mundo, fue probablemente el pionero y quien más lejos ha llevado estas ideas, pero no ha sido ni mucho menos el único. La publicidad también se aprovecha del conocimiento de estas influencias cruzadas para diseñar nuevos envases, nuevos productos y nuevos argumentos de venta, y el mundo del chocolate no es ajeno a ello. La forma de las tabletas de chocolate, los bordes redondeados o con aristas, las formas, tamaños, colores y sabores de los diversos snacks de chocolate de las grandes marcas son fruto de rigurosos estudios en este campo (ref. 7, ref. 8).

En cuanto al oído, acompaña a la ingesta y cada vez se le da más importancia. La crujencia de los alimentos, como la del chocolate en tabletas, suele ser muy apreciada por los consumidores. El ruido no llega solo a través del órgano auditivo, sino también a través de la cadena de huesos de las mandíbulas y dientes, vía tan importante como la vía sonora externa.

Aparte del oído, existen sensores de la *propiocepción*, que ayudan a modular las sensaciones al comer, a partir de los movimientos de los dientes, músculos y lengua. La presión que ejercen los dientes sobre los alimentos y los movimientos de la lengua forman parte de nuestro sistema propioceptor. Los receptores de este sistema se encuentran en los músculos, las articulaciones, los tendones y los huesos, e informan a nuestro inconsciente y a nuestra conciencia acerca de la situación de nuestro cuerpo.

Los colores del chocolate

El color de una mezcla tiene que ver con el color de sus ingredientes, pero a veces hay excepciones. Los sistemas dispersos, como el chocolate, tienen colores que a veces difieren de los colores de sus componentes. La leche, por ejemplo, se ve blanca a pesar de que la grasa de la leche está dispersa en forma de gotitas transparentes, y la fase continua de la leche es agua con lactosa y proteínas, también transparente. El color blanco de la leche se debe a que la luz que incide en ella se dispersa debido al tamaño microscópico de las gotitas de grasa, y esta dispersión de la luz hace que la mezcla aparezca blanca, a pesar de que no contiene ningún colorante ni pigmento blanco. Es el mismo fenómeno que ocurre con la nata, las claras montadas o las espumas de cualquier tipo: todas se ven blancas aunque sus componentes no lo sean.

El chocolate es una mezcla de un componente blanco, el azúcar; uno oscuro, el polvo de cacao; y uno amarillento, la manteca de cacao. Si observamos más de cerca cada uno de estos componentes, se puede ver que el azúcar está formado por cristales transparentes. Pero al juntarlos todos, dispersan la luz de tal manera que el resultado se ve blanco, como ocurre con la sal. La manteca de cacao se ve amarillenta por un mecanismo similar: si se calienta, se convierte en un líquido transparente con un ligero tono amarillento; pero la solidificación —es decir, la cristalización— de todas sus grasas genera estructuras translúcidas u opacas debido a que es una mezcla de microcristales y la mezcla final no permite el paso de la luz. El resultado es el aspecto ceroso de la manteca de cacao sólida. Por último, el polvo de cacao es oscuro porque contiene pigmentos marrones[14] del fruto del cacao, que le dan color a cada partícula del polvo.

El chocolate con leche es de color más claro que el chocolate negro porque contiene más azúcar y leche en polvo. Ambos componentes están formados por partículas de apariencia blanca. El chocolate blanco no tiene cacao y, por lo tanto, tiene el color de la manteca de cacao sólida, la leche en polvo y el azúcar, y el conjunto es blanco-amarillento.

---

[14] Una nueva modalidad de chocolate, presentada en 2017, es el *chocolate rosa* o *chocolate ruby*, obtenida de ciertas variedades de cacao cultivadas en condiciones que le dan una tonalidad rosada.

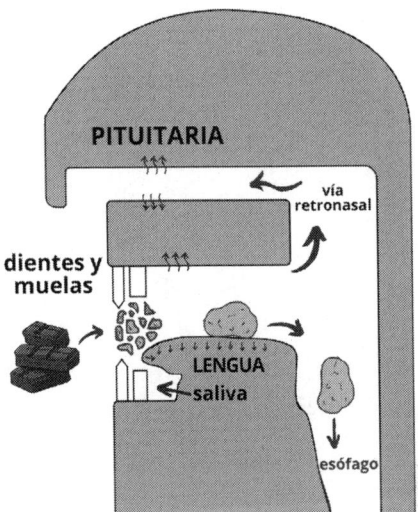

Ilustración 4. Esquema de una boca humana en proceso de masticar y deglutir un alimento. El alimento cambia de estado físico a medida que es triturado y mezclado con saliva. No se representa la laringe, paralela al esófago. Los olores llegan a la pituitaria por vía ortonasal directamente o por vía retronasal. Fuente: elaboración propia.

El sabor y el olor del chocolate

La terminología en el mundo de las sensaciones también es confusa, como en otros campos. En el ser humano, los sentidos del olfato y del gusto están anatómicamente diferenciados; la pituitaria está en las fosas nasales, y las papilas gustativas en las mucosas bucales y la lengua, que generan señales independientes. Pero la cavidad bucal y la cavidad nasal se comunican a través de la faringe, y las moléculas a las que el olfato es sensible le llegan tanto por aspiración directa por las fosas nasales —vía ortonasal— como por la faringe —vía retronasal. Hay moléculas que actúan sobre ambos tipos de receptores, olfativos y gustativos; hay sustancias que tienen moléculas diferentes que actúan cada una sobre un tipo de receptor. Por eso la terminología de las sensaciones es compleja: hay que distinguir el olor del aroma y del flavor, y el gusto del sabor. Y los diccionarios no ayudan.

Hay consenso en los siguientes conceptos fundamentales:

- Olor: es la percepción captada por la glándula pituitaria, ya sea vía *ortonasal* o *retronasal*.
- Gusto: son las percepciones captadas por las papilas gustativas.
- Aroma: en la industria alimentaria, es cualquier sustancia que, añadida a un preparado, cambia su sabor o su olor. En las ciencias sensoriales, suele ser sinónimo de olor agradable, especialmente si se percibe vía retronasal.
- Sabor: es la combinación de la percepción simultánea del gusto y el olor de una sustancia.
- Flavor: es la sensación conjunta que producen el olor, el sabor y la textura en boca de una sustancia.

En términos generales, el gusto, el sabor y el olor de los alimentos dependen de las moléculas que los componen y que afloran en el momento de la masticación, cuando interactúan con las papilas gustativas y la pituitaria del sujeto. Este es un campo de investigación muy importante en este momento y lejos del consenso entre especialistas. La complejidad de las interacciones entre las informaciones sensoriales hace que se puedan percibir gustos y olores diferentes según cuál sea el entorno visual o sonoro. De ahí los menús —considerados en muchos casos como extravagancias del chef— en los que la ingesta de los platos va acompañada de auriculares que el comensal debe ponerse, con sonidos o músicas *ad hoc*, u otras prácticas similares.

Los gustos básicos del chocolate son dos: el dulce, procedente del azúcar —la sacarosa— que contiene, y el gusto amargo, que proviene del cacao, y específicamente de las moléculas de polifenoles que contiene. El gusto dulce es siempre el mismo porque la sacarosa es un producto químico puro y su gusto es independiente de su procedencia. Pero en el caso del cacao es diferente. El gusto amargo es general para todos los cacaos, pero tendrá más o menos intensidad, y será de un tipo u otro, dependiendo del origen del cacao, y dependiendo de la torrefacción que haya sufrido. Además, los sabores pueden ser muy variados, porque combinan el gusto con los olores que se desprenden en la degustación.

El conjunto de gusto, olor ortonasal y olor retronasal pueden dar al chocolate diversos sabores, dependiendo del tipo de cacao y de la elaboración que haya sufrido: son comunes las notas de especias, afrutado, verde, floral, cítrico, de café y otros. En las catas de chocolate, los expertos educados en estas cuestiones afirman encontrar estos matices y muchos más.

Además de estos sabores que el chocolate tiene por provenir de un cacao determinado con un tratamiento específico, se le añaden todas las variantes de productos a los que se les ha agregado frutas, licores, especias, menta, sal y todo tipo de gustos variados externos, que generan un universo gustativo muy variado.

Los cambios de textura en la ingesta del chocolate sólido

Antes de entrar a la boca, y suponiendo que no sea una cata a ciegas[15], habremos visto el alimento: color, estructura, textura de la superficie, grado de desmenuzamiento... Toda esta información que ha

---

[15] Las catas a ciegas —o los restaurantes "ciegos", sin luz— son desconcertantes, en sentido genuino. Cuesta mucho atribuir propiedades al alimento que tienes en la boca, incluso las propiedades más elementales, a un producto que no has visto y del que, por lo tanto, no hay ninguna pista sobre qué es.

entrado ya por los ojos modula nuestra mente, permite imaginar cómo será y la prepara para etapas posteriores de la ingesta. La gastrofísica entra en acción antes de la degustación. No son sensaciones táctiles todavía.

En cambio, en el proceso de morderlo, masticarlo y deglutirlo, intervienen también el gusto y el tacto, y un poco el oído si el producto es crujiente, y es cuando se manifiestan todos los componentes de la textura. De hecho, el momento de la ingesta y la deglución es decisivo a la hora de saborear y valorar el chocolate, y es un proceso realmente complejo.

En el momento de morder y masticar un trozo de chocolate —como en cualquier otro alimento— hay varios cambios notables, que dependiendo del alimento serán unos u otros.

- Cambia el tamaño de los trozos de alimento.
- Cambia la temperatura: se enfría o se calienta, según el caso.
- Se mezcla el alimento con la saliva.
- Se desprenden aromas.
- Se mezcla el alimento con las enzimas desprendidas por las glándulas salivales, que pueden hacer cambiar su composición.

La temperatura. El interior de la cavidad bucal está a unos 37 °C. Un trozo sólido de chocolate se fundirá, por lo tanto, porque el polimorfo V de la masa de manteca de cacao, que será el componente mayoritario de cualquier chocolate comercial, funde a 33 °C. La sensación de rompimiento crujiente e inmediatamente de ablandamiento es sumamente placentera, según los catadores y los consumidores. La manteca de cacao fundida, aunque bastante viscosa, se extiende por la superficie de la lengua y el paladar, esparciendo las partículas de azúcar y el polvo de cacao dispersas en su interior, y los sabores se pueden apreciar por toda la boca.

Tamaño de los trozos. Masticar los trozos de chocolate sólido, a la temperatura de fusión, incrementa la sensación crujiente porque la superficie sólida aumenta y se puede fundir más rápidamente por toda la boca.

Mezcla con la saliva. El producto fundido se mezcla con la saliva, que es una disolución acuosa. En esta mezcla, las partículas de azúcar del chocolate se disuelven, actúan sobre las papilas gustativas y proporcionan el gusto dulce deseado en las diversas variedades de chocolate. A su vez, el polvo de cacao se dispersa en la saliva y hace que las papilas capten su gusto amargo, alternativo y complementario al gusto dulce del azúcar.

Desprendimiento de aromas. La temperatura de 37 °C permite desprender de la masa en masticación diferentes aromas presentes en el chocolate, aromas que a una temperatura más fría pasarían desapercibidos.

Cambio de composición. Las diversas enzimas de la saliva hacen que algunos de los componentes de los alimentos se degraden, se hidrolicen y cambien su composición y, por tanto, que puedan cambiar el sabor. Esto se da principalmente con los azúcares y las harinas, que al degradarse pasan a productos normalmente más dulces que los originales.

Las papilas gustativas

Actualmente, se considera que existen cinco gustos básicos: dulce, salado, amargo, ácido y umami. Los cuatro primeros son bien conocidos desde siempre, pero el umami, descubierto a comienzos del siglo XX, ha tardado muchos años en ser aceptado como gusto básico. Se ha propuesto la existencia de otros sabores, como el graso —llamado también grasoso u *oleogustus*, pero por ahora no hay consenso sobre su existencia diferenciada. Otras sensaciones que suelen considerarse sabores no lo son realmente, como el picante o ardiente, que es un estímulo relacionado con los sensores del dolor.

Las papilas gustativas son receptores gustativos situados en la lengua, y hay como máximo unos 10,000, que se van perdiendo con la edad. Se afirmaba —desde 1918— que las papilas estaban especializadas cada una en un sabor concreto, y que había una distribución espacial por la lengua, dividida en sectores. Pero actualmente se ha comprobado que por toda la lengua hay sensibilidad a todos los gustos.

La membrana pituitaria o mucosa nasal tiene una sección específicamente destinada a la captación de olores. Se encuentra en la parte superior de la mucosa y se denomina mucosa olfativa. El olfato es un sentido químico, sensible a moléculas volátiles liberadas en el entorno y transportadas por el aire. Las células olfativas contienen quimiorreceptores, donde se disuelven las moléculas volátiles y se generan señales eléctricas específicas que van hacia el bulbo olfatorio y los diferentes sistemas cerebrales.

Una sensación que suele asociarse al sabor amargo, pero que es independiente y está relacionada con la textura, es la *astringencia*. Se refiere a la alteración de un tejido orgánico, en este caso la mucosa bucal, por la acción de una sustancia, y que produce una sensación de sequedad. El ejemplo clásico es el de los taninos del vino, pero ciertos chocolates también pueden provocar el mismo efecto. Está relacionada con la acción del nervio trigémino, responsable también de la percepción del dolor y de los sabores picantes.

Todos los receptores de gustos, sabores y olores, así como el resto de señales que captamos, generan señales eléctricas y químicas que son procesadas por el sistema nervioso, mediante mecanismos que van mucho más allá del alcance de este libro y su autor. Son estos mecanismos los que nos generan el placer de la alimentación, un placer fisiológico y cultural a la vez.

Disfrutémoslo en ambas facetas. ¿Quizás degustando un pastel Paradigma?

Capítulo 5

Preguntas frecuentes sobre chocolate y nutrición

En muchos medios públicos, se habla del chocolate negro con más del 70% de cacao como un superalimento y se le atribuyen todas las virtudes nutricionales. Muchas de estas supuestas virtudes aún no están probadas, pero se difunden como verdades ya constatadas. A continuación, se han redactado algunas de las preguntas relacionadas con el chocolate y la nutrición, intentando hacer solo afirmaciones probadas y no especulaciones.

La etiqueta Nutriscore de chocolate es D o E. ¿Significa que el chocolate no es saludable?

Como se comentó anteriormente, la etiqueta Nutriscore es una indicación de la relación entre azúcares y grasas, por un lado, y fibra, verduras y proteínas, por otro. Naturalmente, en el chocolate dominan los primeros, y por eso la etiqueta. Es decir, la dieta debe basarse en legumbres, frutas, verduras y proteínas animales y vegetales, y el chocolate no puede constituir la base de una dieta, sino solo un complemento.

¿El chocolate contiene antioxidantes?

Efectivamente. Diversos estudios clínicos sugieren que el chocolate negro con un 70% o más de cacao parece reducir el colesterol y la presión arterial, e incluso prevenir el desarrollo de la diabetes tipo 2. El motivo sería la presencia en el chocolate de flavonoides, moléculas antioxidantes y antiinflamatorias, también presentes en otras plantas. Además, contiene proporciones importantes de fósforo y potasio.

¿El chocolate engorda?

Naturalmente. En la tabla 2 sobre información nutricional podemos ver que casi todos los chocolates aportan más de 2000 kJ cada 100 g. Es un alimento muy calórico, especialmente por la cantidad de manteca de cacao y azúcar que contiene. Los chocolates sin azúcar son un poco menos calóricos, alrededor de un 10%, según el producto, porque siguen teniendo la manteca de cacao, pero no tanto azúcar.

¿El chocolate provoca caries?

Todos los alimentos que contienen cantidades apreciables de azúcar, sacarosa, pueden provocar en mayor o menor grado caries. Los productos sin azúcar evitan este problema.

¿Es tóxico el chocolate?

El chocolate contiene un alcaloide, la *teobromina*, y puede contener metales pesados como el *cadmio* y el *plomo* (ver pregunta siguiente). En cuanto a la teobromina, es un alcaloide de la familia de la *cafeína* y la *teofilina*, que las semillas de cacao contienen en cierta proporción. Como todos los alcaloides, es tóxico en ciertas proporciones. Pero, en este aspecto, no hace falta alarmarse. La dosis letal de chocolate por el efecto de la teobromina equivale a unas 127 tabletas de chocolate negro y unas 290 de chocolate con leche, que contiene menos cacao.

¿El chocolate contiene metales pesados?

Sí, especialmente el *cadmio* Cd y el *plomo* Pb. La planta de cacao absorbe los iones de estos metales del suelo, y por eso los cacaos provenientes de zonas volcánicas como Sudamérica tienen estos metales en proporción superior a los de otras procedencias, como África. Hay disparidad de criterios entre Europa y Estados Unidos en cuanto a la ingesta admisible. En cuanto al cadmio, los análisis realizados en los chocolates comercializados en España muestran valores de cadmio muy por debajo de los límites autorizados, que son mucho más bajos que los valores considerados peligrosos. En la Unión Europea no se han establecido límites para el plomo en el cacao. Este es un tema que hay que seguir vigilando.

¿Es tóxico el chocolate para los perros?

La teobromina se metaboliza muy lentamente en perros y genera derivados tóxicos que se acumulan en su sistema nervioso, por lo tanto, el chocolate es tóxico para ellos.

¿Se puede pudrir el chocolate?

El chocolate no se puede pudrir, ya que sus altos niveles de azúcar y grasa no son propicios para el crecimiento de microorganismos. En lugar de tener una fecha de caducidad, el chocolate tiene una fecha de consumo preferente, que suele ser de un par de años después de su elaboración. No se debe confundir el moho con el *fat bloom*, mencionado anteriormente, que da un aspecto blanquecino a la superficie del chocolate, pero esto no significa que esté en mal estado.

¿Es adictivo el chocolate?

En 1968 se inventó el término *chocohólico*, un neologismo que aún no está en el diccionario, para referirse a las personas que dicen ser adictas al chocolate y no pueden estar sin él. Sin embargo, en general se acepta que algunas de las moléculas bioactivas que contiene, como el triptófano o la *feniletilamina*, que sí tienen influencia sobre el comportamiento, no causan síndrome de abstinencia de chocolate. El *triptófano* es un aminoácido que el cerebro utiliza para producir serotonina, una sustancia antidepresiva que disminuye la ansiedad y la tensión. También es precursora de la melatonina, una hormona que ayuda a inducir el sueño. Por argumentos como estos, hay quienes hablan de la adicción al chocolate, extrapolando los hechos.

¿Es afrodisíaco el chocolate?

La *feniletilamina* (PEA, por su nombre en inglés), mencionada en la pregunta anterior, es producida de forma natural por el organismo y, al igual que las anfetaminas, puede provocar cierta sensación de euforia y bienestar. Además, ayuda a mantener los niveles de dopamina y otros neurotransmisores, relacionados también con el gusto y el placer. El cacao y el chocolate contienen pequeñas cantidades de PEA, por lo que ayuda a aumentar las sensaciones mencionadas.

También contiene cantidades interesantes de magnesio que contribuyen a ello. Si es afrodisíaca o no, depende, imagino, de la sensibilidad del receptor para dejarse influir.

¿Existe chocolate de proximidad, de kilómetro cero o de comercio justo?

Existen organizaciones no gubernamentales que procuran la comercialización del cacao en condiciones justas. Por ejemplo, la entidad *Oxfam Intermón* tiene convenios con cooperativas de cultivadores de cacao de la República Dominicana para obtener el cacao en condiciones sostenibles y justas para los agricultores. Existe el movimiento "*bean to bar*" ('del haba a la tableta') que defiende que la elaboración de la pastilla de chocolate se haga por parte del artesano a partir del haba de cacao, con todos los procesos, excepto la fermentación, llevados a cabo en el mismo obrador. Muchas empresas chocolateras ya lo hacen de esta manera. También existe el movimiento "*tree to bar*" ('del árbol a la tableta') que solo se puede realizar en los países donde crecen los árboles de cacao. Por otro lado, no puede existir el *chocolate de kilómetro cero* si no hay cultivo de cacao en el país, pero sí productos sucedáneos hechos con harina de las semillas de la algarroba de kilómetro cero en lugar de cacao.

¿Es cancerígeno el chocolate?

Algunos estudios en curso sugieren lo contrario. Entre los flavonoides mencionados en una pregunta anterior, hay una molécula, la *epicatequina*, que es uno de los antioxidantes que muestra una acción destructiva de células cancerosas respetando las demás. Sin embargo, dado que el consumo excesivo de chocolate puede incrementar la obesidad del consumidor y provocar diabetes y diversas enfermedades cardíacas, los especialistas creen que los antioxidantes de la dieta deberían provenir de frutas y verduras, no del chocolate.

Referencias

ref. 1 Beckett, Stephen T. (2000) "La ciencia del chocolate". Editorial Acribia, Zaragoza

ref. 2 Código Alimentario Español y disposiciones complementarias. Actualitzado 1-9-21 https://www.boe.es/buscar/act.php?id=BOE-A-1967-16485

ref. 3 Corominas, Joan (1991) "Diccionari etimològic i complementari de la llengua catalana" Vol. IX, voz Xocolata Curial Edicions Catalanes, Barcelona

ref. 4 Mans, Claudi; Pérez-Samper, M. Àngels; Bayés, Laura; Font, Montserrat; Permanyer, Joan; Gil, Fracisco; Perell, Josep; Masalles, Ramon. (2013) "Ciència i xocolata" Publicacions i Edicions de la Universitat de Barcelona

ref. 5 Martí Escayol, Maria Antònia (2004) "La història i la cultura de la xocolata a Catalunya" Cossetània edicions, Valls

ref. 6 McGee, Harold (2007, trad. de 2004) "La cocina y los alimentos" Debate-Random House Mondadori, Barcelona. Especialmente cap. 12 "Azúcares, chocolate y confitería" ref. 7. Spence, Charles (2017) "Gastrofísica. La nueva ciencia de la comida" Paidós-Espasa Libros, Barcelona

ref. 8 Shepherd, Gordon M. (2012) "Neurogastronomy. How the Brain Creates Flavor and Why It Matters" Columbia University Press, New York

Pensamientos

El chocolate no va a resolver tus problemas, pero una manzana tampoco.

Cuando nadie te entiende, el chocolate siempre va a estar allí.

La fuerza de voluntad es la capacidad de romper una barra de chocolate en cuatro trozos y comer solo uno.

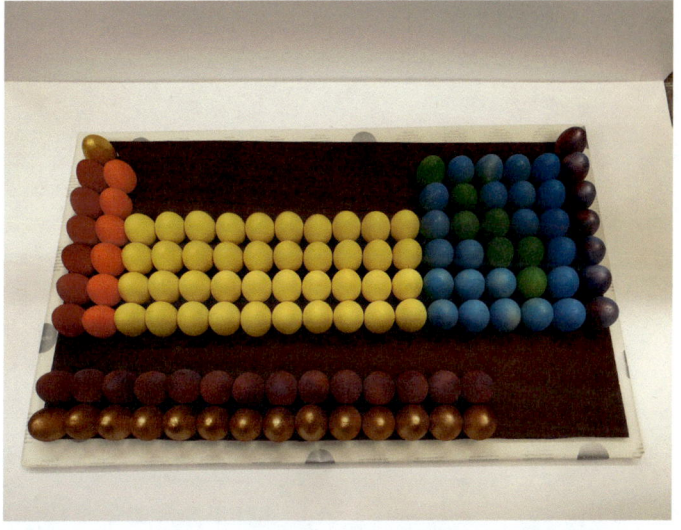

La tabla periódica de los elementos en chocolate. Mona de Pascua de Cataluña que conmemoró el Año Internacional de la Tabla Periódica de 2019. Cada uno de los elementos es de chocolate recubierto de colores alusivos a este tipo de elementos, como metales alcalinos (rojo), metales alcalinotérreos (naranja), otros metales (amarillo), gases nobles (gris), no metales (azul y verde), lantánidos y actínidos (marrón y dorado). Fuente: Pastelería Natcha.